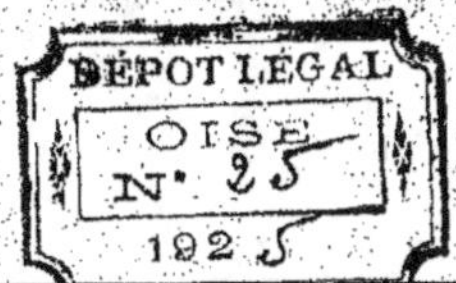

HENRY LETOREY, INGÉNIEUR ÉLECTRICIEN

1923

L'ÉLECTRICITÉ

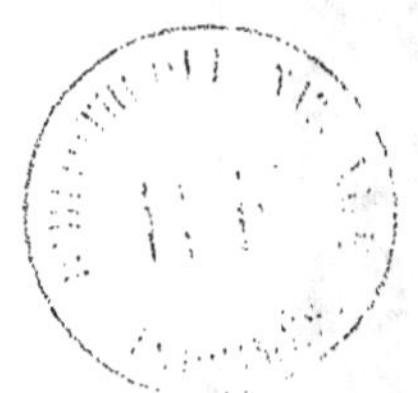

En écrivant spécialement pour les lecteurs du *Courrier de l'Oise* une étude sur l'Electricité et ses applications domestiques, agricoles et industrielles, je ne prétends pas entraîner mes lecteurs dans le dédale technique des formules arides où se chevauchent et s'entremêlent les X et les Y, avec les racines carrées ou cubiques ; où les équivalents en chiffres et en lettres compliquent, pour le profane, la démonstration compréhensible des choses simples ; une telle méthode serait une fatigue et m'éloignerait du but que je poursuis dans cet écrit et dont le seul mérite sera la simplicité nécessaire, pour permettre au lecteur de se rendre compte de l'étendue et de toute l'économie des bienfaits dont nous comble la radieuse Fée Electricité, cependant bien mystérieuse encore.

Songez, chers lecteurs, et réjouissez-vous d'en profiter, à toute la sollicitude de cette Fée magnanime, qui, par son unique nature, nous éclaire, nous chauffe, exécute notre travail, en des besognes parfois douces et pondérées, ou parfois formidables et puissantes à l'infini — qui, toujours, est là, à nos côtés, prête, avenante et gaie, ponctuelle et souple — véritable domestique bonne à tout faire, économiquement, simplement — n'est-ce pas une merveille que cette mystérieuse Déesse qui se révèle à nous suivant notre désir, à l'heure qui nous plaît, pour faire ce qui nous plaît, dans la forme désirée.

Aucun élément dans la Nature, *impénétrable et fière,* ne peut rivaliser avec cette adorable Fée, d'essence Divine !

Et cependant, pour mystérieuse et impondérable qu'elle soit, combien ses grâces sont simples à comprendre, et combien aussi est facile son étude !

Pour vous mettre en mesure, chers lecteurs, de pénétrer ses mystères dans les limites possibles, je procéderai souvent par comparaison avec les effets déjà connus d'éléments moins abstraits, c'est-à-dire l'eau et le gaz.

De suite, à l'esprit vient cette question : *Qu'est-ce que l'Electricité ?...* Hélas ! la réponse nous échappe encore, nous savons de façon précise ce que sont l'air, l'eau, le feu, la terre ; leur composition chimique en est fixée par nos savants. Mais elle ? Vibrations ou *ondes ?* Aucune réponse vraiment matérielle n'est encore faite à cette hallucinante question. Qu'est que l'Electricité ? ? Contentons-nous de cette réponse du catéchisme de nos jeunes années : « L'Electricité est une chose que nous devons croire quoique nous ne puissions pas nous l'expliquer »... et croire en l'Electricité nous est bien facile puisqu'elle existe, et que nous en pouvons constater les effets multiples et infiniment variés.

Une autre définition plus scientifique pourrait être celle-ci :

« L'Electricité est une puissance qui, comme toutes ses sœurs, « est la manifestation d'un déséquilibre ».

Je ne voudrais pas sur ce sujet développer toute une dissertation philosophico-technique, mais il m'est bien permis de souligner toute la simplicité véridique de cette définition dont je ne suis pas l'auteur.

Cet auteur — dont j'ignore le nom — a pensé juste et ouvre toute grande la porte du Palais de notre Fée ; et d'ailleurs cet auteur, à mon avis, se rapproche par sa définition, de certaines argumentations d'un savant très connu et estimé qui a nom... Monsieur de la Palice ! car il est élémentaire de penser avec ce grand vulgarisateur que sans déséquilibre pas de force, pas de puissance ! ! Voulez-vous quelques exemples de cette vérité ?

Déséquilibre de pressions. — Puissance (vapeur, air ou gaz comprimés).

Déséquilibre de poids. — Puissance (songez à la balance, aux treuils, aux leviers, etc., etc...).

Déséquilibre de niveau d'un liquide. — Puissance (chutes, courants, jets d'eau, etc., etc...).

Déséquilibre de température. — Puissance (la chaleur et tous effets).

Déséquilibre d'opinions. — Puissance (révolutions, guerres, luttes électorales, etc., etc...).

Pour ce dernier exemple, je vais peut-être un peu loin... que le lecteur m'excuse en constatant combien, cependant, la formule est exacte.

Et l'Electricité ? — Ah ! oui, au fait, et l'Electricité : *déséquilibre de quoi ? ?* Diable ! où me suis-je fourré ?... Où m'a conduit ce brave de la Palice ?... Eh bien, non, rassurez-vous, chers lecteurs, une fois de plus la logique élémentaire des raisonnements de la Palice nous permet une explication saine et facile.

Les manifestations électriques sont toutes le résultat d'un déséquilibre, *lisez bien ceci :*

L'Electricité à l'état *neutre, équilibré* ou *inerte,* existe partout, en toutes choses et dans toutes les matières possibles.

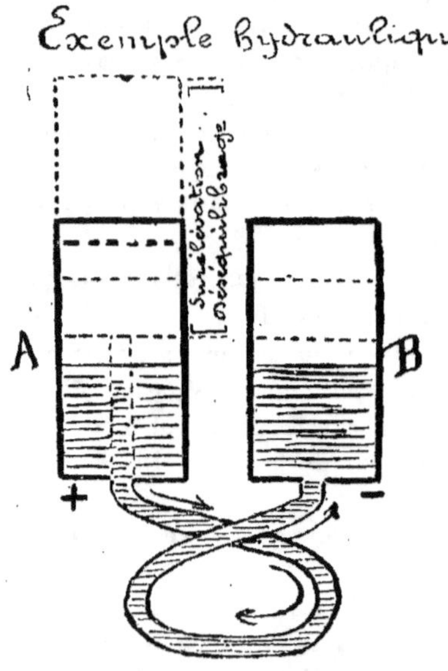

Déséquilibrez cette énergie latente, c'est-à-dire endormie, et vous obtiendrez une manifestation sous forme d'un *courant* produit ou émis pendant le rééquilibrage c'est-à-dire pendant le retour à l'état neutre.

Un exemple hydraulique :

Deux vases A et B communiquent par un tuyau reliant la partie basse de chacun d'eux. Le niveau étant le même dans les deux vases, l'eau existe à l'état dormant et inerte. Surélevez un des deux vases : immédiatement un courant d'eau se manifestera dans le tuyau et persistera jusqu'à ce que les niveaux A et B soient de nouveau égaux (rééquilibrage).

Ce courant d'eau se manifestera conformément à certaines lois que nous examinerons tout à l'heure ; ne retenons pour l'instant que l'effet du déséquilibre de niveau qui a donné naissance au courant d'eau, et revenons à l'Electricité.

Il existe trois causes de déséquilibrage donnant naissance à des courants électriques :

1º **Déséquilibre statique**.

Les causes en sont : Le mouvement, la différence de température, de pression, et sûrement d'autres causes aussi, sans que la nature exacte des phénomènes créateurs puisse être expliquée et même déterminée d'une façon précise. On constate cependant très facilement les effets de ces causes supposées. *Exemples :* la foudre et toutes les machines dites *statiques* à l'aide desquelles on reproduit en très petit les effets de la foudre.

Une foule de petites expériences permettent de contrôler aussi la *théorie statique* : une courroie animée d'une grande vitesse dont on tire des étincelles ; votre peigne en corne ou en celluloïd qui, en mouvement dans vos cheveux secs, pétille et les soulève au point de vous impatienter ; le dos de Minet tranquille au coin du feu, dont des étincelles jailliront si vous frottez ce dos à rebrousse poil ; une simple feuille de papier pliée sur elle-même trois ou quatre fois, chauffée puis frottée sous la manche de votre veston de drap, et de laquelle vous tirerez des étincelles, vous ferez danser une légère poupée de papier de soie, ferez dresser les cheveux sur la tête de tous vos amis..., etc., etc...

L'électricité statique est, pour longtemps encore, probablement, indomptée. *Violente,* elle produit dans la nature de véritables catastrophes, et l'étude de ces phénomènes et des dangers qui l'accompagnent, n'a abouti qu'à la détermination de méthodes préventives contre ses effets... foudroyants.

FARADAY, physicien-chimiste anglais, a, en effet, démontré que s'il était possible d'enflammer un liquide volatil exposé à l'air libre, au moyen d'une étincelle statique *cette inflammation devenait impossible* si le liquide était enfermé dans une cage métallique. De cette expérience est né un système de protection, le *Parafoudre*, dont nous reparlerons en l'étudiant d'un peu plus près.

Bref, sur ce point, la Fée se dérobe, et aucune application réellement pratique n'est en usage, utilisant l'électricité statique.

2° **Déséquilibre chimique.**

On peut affirmer que toute action chimique engendre un courant électrique — de multiples constatations ont été faites de cette vérité fondamentale.

De ces phénomènes sont nées les piles dont les prototypes sont celles de *Galvani* et de *Volta* utilisant l'action chimique produite sur des métaux (le cuivre et le zinc) par exemple par un acide (acide sulfurique).

Une quantité de systèmes de piles, toutes basées sur l'utilisation du phénomène du déséquilibre ou décomposition chimique, ont été admises dans le domaine pratique et ont permis l'utilisation du courant électrique dans de petites applications, — de télégraphie, de signaux, etc. — mais cette méthode de production de courant électrique demeurant imparfaite même dans les meilleurs systèmes, a limité les applications, jusqu'au moment où des découvertes ont permis au Progrès impatient de déployer largement ses ailes puissantes. Cependant, ces découvertes prodigieuses de conséquences, étaient peu de chose en elles-mêmes.

Toutefois, l'étude des piles et de leurs courants avait permis de fixer certaines conditions dans lesquelles le courant produit ou émis par l'action chimique circulait dans un circuit métallique, et on avait déterminé notamment que le courant partait de la pile composée de deux métaux, cuivre et zinc, attaqués par l'acide — toujours du cuivre pour aller au zinc — le côté cuivre (anode) a été désigné sous le nom de positif et représenté par le signe $+$ (plus) et le côté zinc (cathode) a reçu le nom de négatif et le signe $-$ (moins)

$+$ (*plus*) *élevé en pression*, — (*moins*) *élevé en pression*.

Nous retrouvons donc ici l'indication du déséquilibre constaté entre nos deux vases A (surélevé $+$) et B (au niveau inférieur $-$).

Certaines de ces piles sont réversibles, c'est-à-dire non seulement produisent, engendrent un courant par leur action chimique intérieure, mais ont cette vertu de pouvoir absorber des courants qui les déséquilibrent d'une façon intense — ou les chargent — et de restituer ensuite la plus grande partie du courant absorbé pendant cette charge. De la même façon, d'ailleurs, que se comporterait un réservoir recevant et emmaganisant de l'eau par l'action d'une pompe pour restituer ensuite l'eau ainsi emmaganisée dans un circuit de tuyautages.

Ces piles reversibles, dont le prototype est la pile de PLANTÉ, chimiste français, ont reçu le nom tout à fait bien trouvé d'accumulateurs.

Ces accumulateurs ont également permis le développement des progrès dans les applications électriques, car avec ces accumulateurs il est devenu possible d'aborder des applications exigeant des courants relativement intenses et *continus*.

Les accumulateurs sont d'ailleurs entrés dans le domaine pratique et reçoivent encore actuellement de nombreuses applications, bien que leurs jours paraissent comptés.

3° **Déséquilibre magnétique.**

Je vous ai annoncé plus haut des découvertes presqu'insignifiantes en elles-mêmes mais qui avaient permis au progrès de marcher à pas de géant, par leurs conséquences prodigieuses. Voici :

Mais auparavent il me faut vous rappeler que depuis que le monde existe un phénomène mystérieux l'accompagne et dont le rôle est primordial dans les découvertes annoncées.

Je vous le présente :

Monseigneur l'Aimant, premier ministre de la *Reine-Fée Electricité*, grand ordonnateur de toutes les manifestations pratiques de sa Majesté Magnanime.

L'aimant était connu en Chine environ 2.000 ans avant l'ère chrétienne, au temps où vivait l'Empereur Hoang-Ti. Un naturaliste chinois du xviiie siècle — homme sentimental — écrit ceci à son sujet : *Cette pierre fait venir à elle le fer, comme une tendre mère ses enfants, et c'est pour cela qu'elle a reçu le nom de pierre aimante.*

Les Grecs connaissaient la pierre d'aimant qu'ils trouvaient dans une ville d'Asie Mineure et aussi en Macédoine.

L'aimant naturel est un oxyde de fer, de nature spéciale, qui a le pouvoir d'attirer le fer, le nickel, le cobalt.

La Tournaline, appelée aussi *aimant de Ceylan*, a les mêmes pouvoirs quand on la chauffe... que de jolies choses à écrire !... quelle belle et sentimentale légende que celle de l'Aimant au cœur de tournaline !... Mais ne sortons pas de notre sujet. L'aimant, ai-je dit, est un seigneur et comme tel a tous les pouvoirs, c'est sûr. Or, ne nous occupons ici que de ceux cadrant avec le sujet traité... Cependant, le seigneur aimant eut un fils qu'il maria plus tard avec notre Fée Radieuse et qui prit le nom *d'Electro-Aimant*. Le jour du mariage fut précisément le jour de la première des découvertes... Le Grand Prêtre fut OERSTEDT, professeur à Copenhague en 1819, qui découvrit l'action des aimants sur les courants et des courants sur les aimants... Le courant réagit sur l'aimant, et l'aimant peut engendrer le courant ou réagir sur lui... De cette union sacrée entre la Fée Electricité et le fils du Seigneur Aimant sont nées toutes les applications électriques admirées et mises à contribution aujourd'hui ; car bien des alliances prodigieuses furent contractées par les princesses électriques avec Messieurs les Métaux et d'admirables machines naquirent alors...

Puis, AMPÈRE, physicien français, fit la deuxième découverte : un solénoïde (spirale de fil métallique), parcouru par un courant, a les mêmes propriétés que l'aimant ; puis, le troisième : un fer doux (c'est-à-dire très pur et recuit) placé à l'intérieur d'un solénoïde s'aimante dès que celui-ci est parcouru par un courant, l'aimantation cessant dès l'interruption du courant.

Ces trois découvertes renferment tous les progrès réalisés depuis et ne datent effectivement que de 1839 ! !

Mais... où est dans tout ceci la loi du déséquilibre magnétique ? Car j'endends bien votre question, lecteurs curieux !... L'histoire de ma Fée au rayonnement si pur et de son aimant vous intéresse ? Eh bien, voici :

La réversibilité est de règle presque constante en électricité. Or, si l'action d'un aimant engendre un courant à son passage à proximité d'un solénoïde (bobine de fils métalliques) il est évident qu'en déplaçant de façon continue des aimants en présence de solénoïdes (bobines) des courants devaient naître et se continuer avec le mouvement, car si le mouvement du solénoïde cessait, les courants cessaient aussi ; donc voilà le déséquilibre magnétique annoncé.

Déneutraliser l'ensemble magnéto-électrique, composé d'aimants et de solénoïdes, les animer pour faire naître des courants conséquence de leurs déséquilibres successifs, c'est bien ce qu'avait pensé MERITENS, ingénieux inventeur français de la célèbre machine l'*Alliance* (titre commémorant sans doute le mariage du seigneur Aimant et de la fée Electricité, 1872), véritable et première génératrice électrique à aimants fixes et solénoïdes tournants, qui lui permit de stupéfier les Parisiens de l'époque par des projections lumineuses faites aux Tuileries. Cette machine fut bientôt abandonnée, éclipsée qu'elle fut par l'apparition de toute la famille des machines Gramme ou similaires, dans lesquelles les aimants étaient remplacés par des électro-aimants (le fils Electro-Aimant était digne de son père), et les bobines par des solénoïdes enroulés en couronnes autour d'un noyau composé de fils de fer doux recuit... et l'on fut bientôt aux machines dynamo actuelles car toutes modernes qu'elles soient elles présentent peu de progrès fondamentaux sur les premières machines Gramme et autres.

Mais ne quittons pas le Seigneur Aimant et sa progéniture sans examiner leur caractère bien mystérieux malgré toutes leurs apparences débonnaires.

Le Seigneur Aimant est presqu'une Trinité dont deux éléments sont diamétralement opposés, quoiqu'ayant exactement les mêmes qualités et les mêmes pouvoirs, et l'autre intermédiaire est neutre, c'est-à-dire sans aucune action apparente.

Pour vous expliquer cela, imaginez, chers lecteurs, deux *pierres aimantes* ou aimants façonnés en forme de barreaux.

Si ces barreaux aimants sont montés sur pivot vertical à leur point d'équilibre mécanique, ils nous serviront à constater toute une série de phénomènes.

1º Examinons un peu la conduite d'un de ces barreaux livré à lui-même, hors l'influence de son frère.

Nous constatons que, quoi que nous fassions pour l'en empêcher, ce barreau prendra une position horizontale (direction) qui sera toujours la même. Si nous rapprochons la direction prise par le barreau de la direction connue (à l'aide du soleil et des étoiles) des quatre points cardinaux, nous constatons que *toujours* la même extrémité du barreau se dirigera vers le Nord géographique terrestre, tandis que l'extrémité opposée indiquera obligatoirement le Sud.

2° Approchons maintenant notre deuxième et identique barreau-aimant de son frère... Oh ! alors, surprise des surprises ! !... Les deux frères ne s'entendent *que s'ils sont* totalement déséquilibrés, et se repoussent avec la dernière énergie s'ils sont accouplés en état d'équilibre ! ! !

C'est ainsi que si, pour la facilité de la démonstration, nous appelons nord et sud les extrémités de nos barreaux correspondant aux directions géographiques vers lesquelles ils dirigent parallèlement, hors de leur influence mutuelle, nous constatons que nos deux frères jumeaux ont, vis-à-vis d'eux-mêmes, des sentiments *absoluments opposés, mais cependant complémentaires et identiques.*

C'est-à-dire que si leurs côtés *nord* sont en présence, ils se repoussent avec une volonté énergique ; leurs côtés sud feront de même s'ils sont à leur tour en présence... quelle philosophie à rebours ! ! ! quel équilibre à l'envers ! ! ! Mystère...

Opposons maintenant un côté *nord* à un côté *sud*. Immédiatement ils s'attirent et se joignent... comme pour se pardonner mutuellement leur antipathie première.

Ces expériences démontrent que :

> le *nord repousse le nord.*
> le *sud repousse le sud.*
> le *nord* attire le *sud.*
> le *sud* attire le *nord.*

N'est-ce pas là l'éclatante confirmation de la loi des déséquilibres générateurs de toutes les forces de la Nature ?

Et n'est-ce pas là, aussi, une démonstration de la façon dont prennent naissance ces courants mystérieux dénommés électriques ? Certainement, oui, il suffit de rapprocher des phénomènes magnétiques ci-dessus, les phénomènes électriques qui donnent naissance à des courants de rééquilibre lorsque des aimants ou des électro-aimants sont déséquilibrés.

Et *de fait* supposons des solénoïdes entourant nos aimants de tout à l'heure — dans ces solénoïdes, et pendant la *période créée par le mouvement dù au déséquilibre*, prendront naissance des courants tendant eux mêmes à ramener l'accord, l'équilibre, ou la situation neutre.

Entretenons maintenant le déséquilibre, et nous entretiendrons forcément la production de courant. Mais, de même que le déséquilibre engendre la force, la force crée le déséquilibre, et c'est cette dernière formule qui est employée pour la production des courants électriques.

Comme un déséquilibre comporte deux facteurs : le point *haut* ou *positif* — et un point *bas* ou *négatif* — le courant créé se dirigera toujours du positif au négatif.

Toutes les machines ayant pour but de mettre à profit des déséquilibres magnétiques ou électro-magnétiques *entretenus* sont dénommées Dynamos-génératrices. Elles sont invariablement composées de deux parties :

1° Le *Stator*, ou partie fixe, comprenant les accessoires propres à créer un champ magnétique, c'est-à-dire un espace dans lequel sont opposés dans leur situation la plus violente possible, le *nord* et le *sud* + et — d'un aimant ou d'un électro-aimant.

2° Le *Rotor*, ou partie mobile, composée elle-même de deux éléments : *l'Excitateur* — celui qui par sa présence crée et entretient le déséquilibre entre les deux pôles — excitateur composé de pièces magnétiquement perméables, c'est-à-dire s'imprégnant d'aimantation au voisinage immédiat des pôles qui leur sont opposés ; puis les *Solénoïdes* ou enroulements, ou encore bobinages, dans lesquels naissent les courants sous l'influence des réactions dues au déséquilibre permanent causé par le mouvement de rotation de l'excitateur opposant *par influence* des pôles semblables.

Le courant ainsi créé est recueilli par deux frottoirs maintenus en contact avec une pièce composée de petits secteurs métalliques auxquels aboutissent successivement les extrémités des bobinages.

Le courant recueilli est *polarisé*, car les bobinages de la machine passant successivement dans la zone d'influence des pôles contraires de l'électro-aimant donnent naissance à deux courants opposés également mais complémentaires, et des deux frottoirs, l'un recueille le courant au point neutre entre le *Nord* et le *Sud* (+ —) servant de départ, l'autre recueille le courant entre le *Sud* et le *Nord* (— +) servant de retour. Le premier est le plus élevé en pression (tension) et est appelé positif, le second, relativement moins élevé (zéro par rapport au premier) est appelé négatif.

Il s'agit, bien entendu, ici, de machines produisant des courants appelés *continus*. Cette expression est d'ailleurs inexacte, le courant *continu* n'existant que dans les générateurs à réaction chimique. Mais ils sont ainsi désignés — un peu par barbarisme — pour indiquer que les pôles de ces courants sont successivement et continuellement les mêmes, si l'on considère les deux fils ou conducteurs, reliés à une machine génératrice, ou encore cela veut expliquer, qu'un conducteur sert de véhicule à des courants toujours positifs, et l'autre à des courants toujours négatifs. Mais ce courant dénommé *continu* est composé d'émissions successives totalisées, positives ou négatives, suivant qu'elles sont engendrées par l'un ou l'autre pôle de la machine.

Cette remarque est à retenir, pour distinguer les courants *continus* ou mieux *polarisés*, d'une autre catégorie de courants appelés *alternatifs* ou *dépolarisés*, parce que leur émission, tout en étant continue également, change alternativement de polarité ou de sens. Nous reviendrons d'ailleurs sur ce sujet.

Résumons maintenant :

L'électricité — j'espère vous l'avoir démontré — est bien la conséquence ou la manifestation d'un déséquilibre. Voyez qu'une fois de plus Monsieur de la Palice avait raison.

Le déséquilibre peut être *statique, chimique* ou *magnétique ;* il est toujours générateur d'un courant tendant à provoquer le rééquilibrage.

Abordons maintenant une autre question tout aussi importante :

Comment se comporte le courant électrique

Le courant électrique, fils du déséquilibre et de la réaction, se comporte tel un fils. Il porte en lui dès sa naissance des qualités de vigueur et de puissance qui sont celles ayant présidé à sa création, et comme telle sa nature dépend des éléments procréateurs.

Au demeurant, et par analogie, il se comporte à peu près comme le ferait un courant d'eau résultat d'une différence de niveau.

Sa *pression* dépend de l'intensité du déséquilibre.

Son *intensité* dépend de la capacité des machines qui le produisent, c'est-à-dire des éléments de ces machines.

Comme l'eau, il suit docilement les canalisations qui lui sont imposées et dans lesquelles il obéit aux mêmes lois. Ces canalisations sont de nature complètement différentes de celles de l'eau et sont doubles et composées de fils ou de câbles. Nous aborderons d'ailleurs ces canalisations en détail dans un chapitre spécial.

Une canalisation électrique s'appelle circuit, composé de deux fils. Le courant circule dans ce circuit lorsqu'il existe entre les deux fils considérés une différence de pression. Le courant se manifeste alors avec une intensité proportionnelle à cette pression et contrairement — ou inversement proportionnelle à la résistance qu'oppose la nature des conducteurs à son passage.

La résistance des conducteurs composant un circuit est *directement* proportionnelle à sa longueur totale (aller et retour), inversement proportionnelle à la grosseur (section) des fils composant ce circuit ; mais, en même temps aussi proportionnelle à la nature minérale des conducteurs composant ce circuit : c'est ce qu'on appelle résistance spécifique. On peut donc écrire :

$$\text{La résistance d'un circuit} = \frac{\text{longueur} \times \text{résistance spécifique}}{\text{section du conducteur}}$$

La résistance spécifique des métaux utilisés comme conducteurs électriques est très variable et le plus employé est le cuivre rouge ayant une conductibilité d'environ 97 %, soit une résistance spécifique de 0.0172 à 0.0181.

Les unités de mesures électriques

Comme pour tous les éléments de la nature utilisés pour notre service, il a été nécessaire d'étudier et de régulariser en quelque sorte l'état civil de l'électricité et nos savants, réunis en Congrès en 1881 à Paris, ont étudié les manifestations du courant électrique et déterminé les unités correspondant aux diverses manifestations sous le rapport de la pression, de la quantité, de l'intensité, de la résistance, etc., etc., en fonction du temps — besogne ingrate et compliquée, dont le résultat est le suivant :

Pression (tension, force électro-motrice) — **Unité le Volt,** (voltage d'un réseau de distribution signifie la pression à laquelle il distribue le courant — Exemple : 110 volts, 220 volts, etc.)

Définition : Tension ou force électro-motrice capable de maintenir un ampère de débit à travers une résistance d'un ohm.

Volt — dérivé de *Volta,* physicien italien.

Intensité. — Unité *l'Ampère.* — (Exemple : un circuit absorbe ou débite 10 ampères).

Définition : Un ampère — intensité de courant circulant sous une tension, pression ou force électro-motrice d'un volt à travers un circuit ayant un ohm de résistance.

Ampère — physicien français.

Résistance. — Unité *l'Ohm* (Exemple : un circuit à 10 ohms de résistance).

Définition : Un ohm est la résistance opposée au passage d'un courant de un ampère sous un volt de tension. Résistance généralement représentée en laboratoire par une colonne de mercure ayant 106 centimètres de longueur et 1 m/m carré de section — à la température de 0 degré centigrade.

Ohm — physicien allemand.

Puissance. — Unité le *Watt.* — Puissance développée dans un circuit d'un ohm de résistance par un courant de un ampère sous un volt de tension ou force électro-motrice.

Watt — physicien anglais.

Quantité. — Unité (dans laquelle le temps intervient). *Le Coulomb* — quantité d'électricité traversant, pendant une seconde, un conducteur d'un ohm de résistance avec une intensité de un ampère sous une tension de 1 volt. On se sert en pratique de *l'ampère-heure* qui naturellement est égal à 36.000 coulombs (une heure = 36.000 secondes).

Coulomb — physicien français.

Travail. — Unité de *Joule.* — Travail effectué par un coulomb sous une tension d'un volt. Cette unité est peu employée.

Joule — physicien anglais.

Capacité. — Unité de *Farad.* — Capacité renfermant un coulomb sous une tension ou force électro-motrice de 1 volt.

Unité peu employée.

Farad — dérivé de Faraday, physicien anglais.

Je vous ai cité, chers lecteurs, toutes ces unités à titre documentaire, encore en ai-je laissé de côté ; mais ne vous effrayez pas, toutes ne vous sont pas nécessaires à retenir, car dans la pratique, celles dont on se sert sont plus spécialement les suivantes :

Le Volt, l'Ampère et le Watt

Le *voltage* est la pression sous laquelle le courant vous sera fourni.

L'ampèrage sera l'intensité absorbée par votre installation.

Le watt sera la mesure servant à établir vos quittances de consommation enregistrée en *hectowatts* (100 watts), *kilowatts* (1000 watts) mis en fonction du temps — les compteurs étant des appareils totalisateurs à la fois de puissance et de temps.

Il est utile cependant que vous sachiez les relations que peuvent avoir les différentes unités entr'elles ; pour vous écrire cela, je serai aussi bref que possible.

La résistance joue dans une canalisation électrique un rôle important, car si elle est mal calculée, des inconvénients graves peuvent surgir (échauffement exagéré — manque d'intensité dans l'éclairage — manque de vitesse et par conséquent de puissance pour les moteurs).

En résumé, voici rapidement des formules très simples permettant le calcul facile des canalisations et des courants :

Appelons :

R. — Résistance ;

E. — Force électromotrice (voltage) ;

I. — Intensité (ampères).

1° La *résistance* d'un circuit sera donnée en *ohms* par la formule suivante :

$$\frac{E}{I} \quad \text{c'est-à-dire :} \quad \frac{\text{Tension ou voltage}}{\text{Intensité (ampérage)}}$$

2° L'*intensité* (ampérage) sera donnée en *ampères* par la formule suivante :

$$\frac{E}{R} \quad \text{c'est-à-dire :} \quad \frac{\text{Tension ou voltage}}{\text{Résistance}}$$

3º *La force électromotrice* (voltage) sera donnée en *volts* par la formule suivante :

$$I \times R, \text{ c'est-à-dire : } \begin{matrix} \text{Intensité} \\ \text{Ampérage} \end{matrix} \times \text{Résistance}$$

Comparaisons
- Eau-Electricité

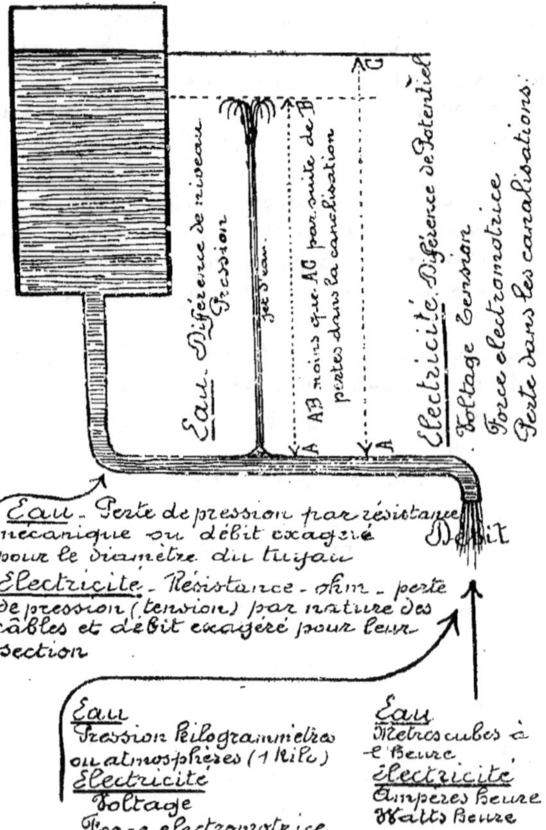

Eau. - Perte de pression par résistance mécanique ou débit exagéré pour le diamètre du tuyau

Electricité. - Résistance - ohm - perte de pression (tension) par nature des câbles et débit exagéré pour leur section

Eau
Pression kilogrammètres ou atmosphères (1 kilo)
Electricité
Voltage
Force électromotrice

Eau
Mètrescubes à l'heure
Electricité
Ampères heure
Watts heure

Ces trois formules fort simples permettent tous les calculs nécessaires à l'établissement d'une canalisation quelconque, et le plus souvent, encore, n'est-il pas besoin de les appliquer, la pratique ayant fixé tous les détails techniques nécessaires à l'Etablissement des canalisations d'usage courant.

Calcul de la consommation

Le Courant (Energie) Electrique, se vend *à la Puissance Horaire* (pendant le temps d'utilisation).

La Puissance (Wattage) est proportionnelle à la tension (Voltage), à l'intensité du débit (Ampérage) et au temps.

La Formule permettant le calcul de la Consommation, est très simple :

$$\frac{\text{Voltage} \times \text{Ampérage} \times \text{Temps}}{1.000} = \text{Kilowatts-heure}$$

C'est cette opération que font automatiquement les compteurs en usage actuellement.

Le prix total s'obtient alors, par une simple multiplication du nombre de kilowatts-heure par le prix d'un kilowatt-heure.

Les appareils de mesure

Grave souci que l'étude des moyens propres à assurer les mesures électriques, et certes le problème était de taille... mesurer l'impondérable ! mesurer une chose qui n'a aucune forme matérielle, ni aucune composition tangible... ni couleur, ni odeur, ni forme !...

Mesurer *et compter* ce que l'on ne peut ni voir... ni toucher... ni sentir... ni goûter.

Mesurer du drap... facile... la longueur et la largeur.

Mesurer du liquide, facile, la capacité ou le contenu d'un récipient ayant lui-même des dimensions connues.

Mesurer une matière compacte quelconque... facile par comparaison avec une masse dont on connaît soit l'encombrement (volume), soit le poids.

Mais mesurer l'électricité ! ! !.....

Longtemps, on ne mesura pas... on supposait... on admettait que... les lutines et fantasques hypothèses régnaient en maîtresses.. puis peu à peu une méthode, celle des déviations comparées (la seule possible, il faut bien le reconnaître) germa dans l'esprit de nos savants, et, de ce fait, comme en toutes électro-choses, *le Seigneur Aimant et son fils Electro-aimant* permirent quelques privoréalités.

L'Electro-mètre (dénommé ensuite le *Galvano-mètre*) naquit permettant de connaître par comparaison la pression ou tension d'un courant électrique.

Le Galvano-mètre primitif était composé d'une aiguille aimantée équilibrée sur un pivot et qui pouvait librement dévier sous l'action du courant traversant le circuit d'un solénoïde qui lui était opposé.

La *Résistance* Electrique du solénoïde (opposition latente) intervint alors... et il a fallu lui céder en proportionnant l'effet de cette résistance (c'est-à-dire la longueur et la grosseur du fil métallique composant le solénoïde) à la pression ou tension moyenne à mesurer, on obtint un Galvanomètre qui prit le nom de *Voltmètre...* puis :

Pour connaître la déviation correspondant à *l'intensité* du courant circulant (absorbé, débité... ou digéré) par un circuit, l'idée vint de proportionner la résistance du solénoïde excitateur à l'intensité moyenne du courant total pouvant approximativement circuler dans un circuit ; on obtint un galvanomètre appelé *Ampère-mètre*.

Le voltmètre a un bobinage plus résistant que celui de l'ampère-mètre.

Le premier se place *en dérivation* sur un circuit (fig. 1), le deuxième est *en série* dans le circuit, c'est-à-dire que le courant total traverse son bobinage (fig. 2).

Un troisième appareil de mesure fut bientôt innové (pour éviter les calculs), celui-ci (galvanomètre aussi) dans lequel l'aiguille aimantée dévie sous l'influence de deux solénoïdes, l'un en *fil fin* semblable à celui du voltmètre, placé en dérivation sur un circuit. L'autre en fil plus gros, semblable au solénoïde d'un ampèremètre (c'est-à-dire, les deux bobinages — voltmètre et ampèremètre réunis dans une action commune contre l'aiguille aimante) ; cet appareil fut dénommé *Wattmètre* et donne l'expression de la puissance absorbée par un circuit.

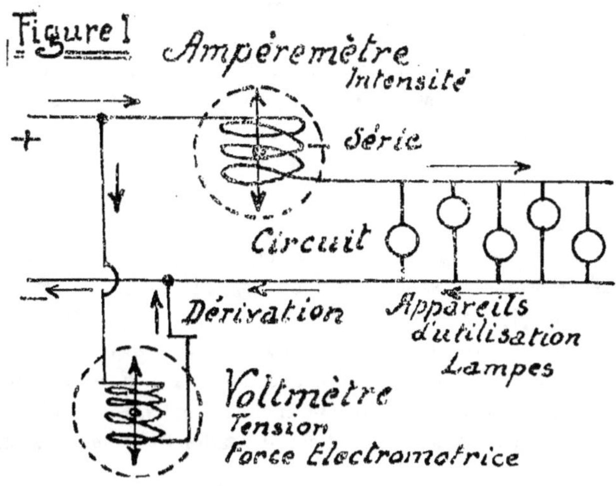

Il existe bien d'autres applications du galvanomètre primitif dont les bobinages varient de toutes façons, soit en résistance, soit dans leurs dispositions, pour permettre des mesures différentes.

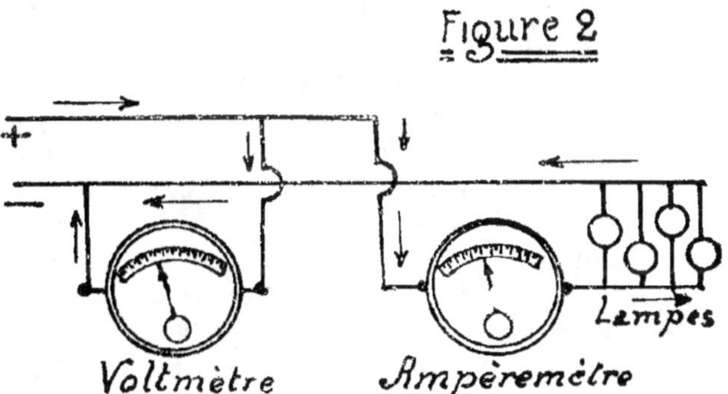

En résumé :

Voltmètre, mesure la pression, tension ou force électromotrice et se place... *se branche*... en dérivation.

Ampèremètre, mesure l'intensité débitée ou absorbée et se branche en Série, en tension, en tandem, en cascade, etc, etc, etc.

Wattmètre, mesure la puissance débitée ou absorbée, c'est-à-dire, volts-ampères, et se branche en série, les dispositions intérieures de l'appareil évitant tout autre branchement (ou toutes autres connexions... comme on dit électriquement).

L'Ohmmètre, permet de mesurer la résistance opposée au passage du courant et se branche ou se connecte... en série (*connecter*, verbe *électrique*, 1ʳᵉ conjugaison, qui, comme bien d'autres électriques aussi sont inconnus de M. Larousse... et de ses confrères).

Mais... arrêtons-nous là... ces quatre *Choses mètre* suffisent pour nous révéler fidèlement les qualités et les défauts de nos installations électriques, et nous permettent également de contrôler la consommation des appareils d'utilisation dont nous faisons usage.

Cependant, il me faut, à nouveau, chers Lecteurs, vous mettre au courant d'un fait d'une haute, très haute importance... et aussi d'un ordre extrêmement délicat..... diable ! comment oserais-je... enfin, j'essaie... après tout, mieux vaut la vérité, quelles qu'en soient les conséquences. Donc...

Donc... un jour, les *Calories*, filles de la Chaleur, se rencontrèrent avec les *Watts*, fils de... qui, vous devez savoir, puisque je vous l'ai dit... et acquirent la certitude qu'elles pouvaient... en s'y prenant de certaine façon... être engendrées par la *Fée Electricité*... ou mieux encore, obliger la Fée cependant si personnelle et si rigide, à les engendrer .. Ce furent, c'est certain, tous les descendants de *Grand-père l'Ohm* qui montèrent ce coup-là... Toujours est-il que les *Calories* érigées *en Soviet*, s'entendirent avec l'opposition et eurent bientôt fait d'organiser la résistance... avec l'aide du Syndicat des Résistances spécifiques... le résultat ne se fit pas longtemps attendre... car bientôt les *Calories* consciemment organisées combattirent l'action de la douce fée blonde et fulgurante... en l'absorbant en pure perte... simplement pour le plaisir d'être engendrées par elle... dans des canalisations et appareils d'utilisation, certainement sabotés par les Ohms, c'est-à-dire : canalisations et appareils *trop* ou *trop peu* résistants (manquant de volonté, c'est sûr !...) C'était le désastre ! ! !...

Cependant, la Permanence de nos Ingénieurs (*de nos Physiciens*, suivant le titre qui les désignait avant l'organisation de nos grandes Ecoles)... la Permanence veillait attentive... et comme il fut reconnu que le nombre de calories engendrées dans un circuit ou dans un appareil *saboté par les ohms* était proportionnel, d'une part, à l'intensité du courant absorbé, et, d'autre part, dépendait directement de la pression de ce courant... et comme aussi on savait que les calories, filles fantasques, avaient le pouvoir de dilater les corps métalliques qu'elles possédaient... nos Physiciens repincèrent les calories au détour, et combinèrent un appareil à déviation thermo-mécanique dans lequel les calories bridées et vaincues, sont cette fois au service de la Fée triomphante. En la circonstance, le Seigneur Aimant, (certainement souriant de l'aventure), se repose... Cet appareil : Voltmètre, Ampèremètre ou Wattmètre, est simplement basé sur la dilatation de fils métalliques de résistance appropriée, sous l'action des calories développées par le passage du courant. Ces appareils reçurent le nom de *thermiques.*

L'action de nos savants, dans l'utilisation des calories engendrées par l'électricité, ne s'est pas bornée à la conception d'appareils de mesures électriques, et quand nous en viendrons à l'examen des appareils de chauffage électrique vous constaterez, chers Lecteurs, avec quelle science et avec quelle énergie ordonnée, ces Magiciens ont asservi les calories un moment dévergondées et devenues maintenant, grâce à eux, fidèles servantes de la Fée divine...

* * *

Pour vous dévoiler tous les Electro-mystères, je vous dois encore une explication touchant les appareils de mesure. Voici :

Dans les schémas que je vous ai décrits en tête de ce chapitre, je vous ai indiqué que les *voltmètres* se montaient en *dérivation* et les *ampère-mètres* en *série*. Pour ces derniers une autre méthode existe, tout à fait différente et qui serait certainement incompréhensible sans l'explication due.

Cette méthode a reçu le nom de *Shunt.* Ce mot verbe anglais signifiant « dévier » on « dériver », est d'une définition française assez difficile ; aussi, sans m'arrêter à l'idée de vous faire ici un cours d'anglais, je vais vous expliquer le plus succinctement possible l'action qualifiée par ce mot un peu bizarre pour nous Français.

Pour cela, revenons à un exemple hydraulique et imaginons un courant, rivière ou ruisseau, coulant de sa source à son embouchure suivant une déclivité régulière (figure A). Si en un point du parcours B on crée une chute factrice de peu d'importance, le régime général de l'écoulement de l'eau ne sera guère changé malgré l'obstacle créé. Mais si nous mettons à profit la petite chute artificiellement disposée, nous aurons à récolter une petite force, ce relèvement minime sera sans influence appréciable sur le résultat final du courant d'eau et permettra cependant d'évaluer la puissance de ce courant par la mesure de la petite force artificielle, car celle-ci sera toujours proportionnelle comme puissance au courant total auquel nous l'aurons ainsi imposée.

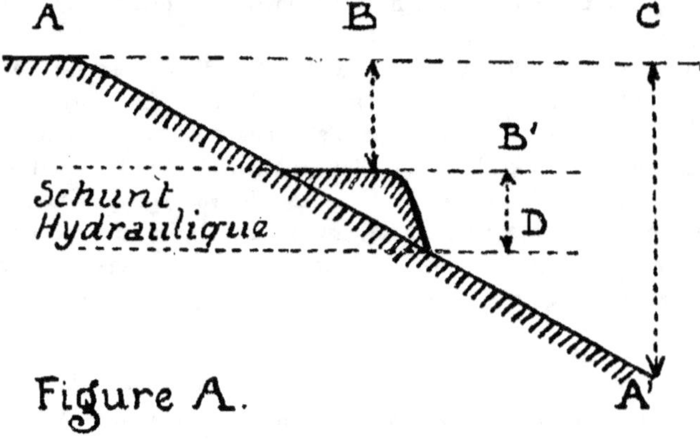

Figure A.

Exemple hydraulique

A-A' — Courant d'eau (rivière).

B — Chute artificielle créée.

D — Hauteur de la chute artificielle.

B'-A — Shunt hydraulique.

A-C — Chute totale, sur laquelle B'-A n'a qu'une influence tout à fait minime.

La figure B ci-dessous donne la transcription *Electrique* de la figure A.

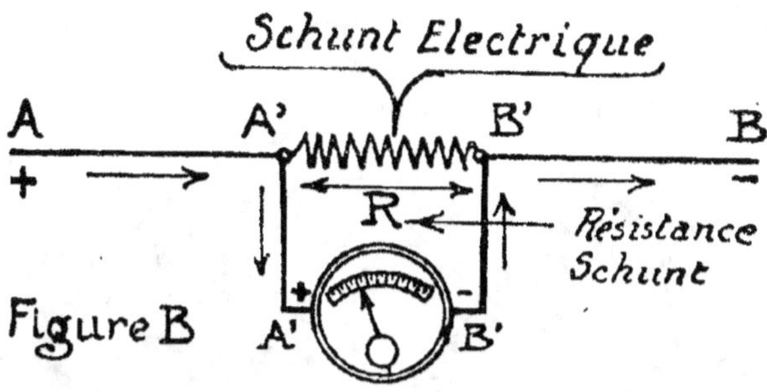

A (+)... B (—) circuit électrique.

Entre A' et B' = R résistance (chute artificielle de tension).

A' devient + et B' — de cette chute de tension minime. Or, si entre le positif A' et le négatif B' on intercale parallèlement à la résistance (Shunt) un appareil de mesure convenablement construit et étalonné (c'est-à-dire réglé), la déviation de l'index de cet appareil de mesure (galvanomètre magnétique, électro-magnétique ou thermique) sera proportionnelle à l'intensité du courant A-B, en raison de la résistance A' B' (shunt) opposée ou intercalée dans le circuit A B.....

Ouf! ! !... nous pouvons, maintenant, je pense, définir ensemble le *Shunt* : « Résistance opposée dans un circuit et ayant pour but de créer une chute de tension (voltage) suffisante pour actionner un galvanomètre (1 à 2 volts généralement avec une intensité décimale par rapport à un ampère), lequel, de résistance et de réglage (étalonnage) appropriés, indique des déviations proportionnelles à l'intensité totale du courant circulant dans le circuit considéré... »

Ouf ! Ouf ! ! Ouf ! ! ! et voilà le *Shunt*.

Résumons maintenant. Je vous ai donné ci-dessus une description... *extra-technique* des appareils de mesure à cadrans et index lisibles... à condition que nous ayons les yeux fixés sur eux, bien entendu ; ces appareils varient à l'infini de formes, de disposition, de grandeur ; il en existe même dans lesquels l'index ou aiguille est remplacé par un rayon lumineux. En ce cas, l'aiguille ou index est remplacé par un petit miroir réfléchissant un point lumineux fixe... et le miroir par ses déviations crée cet index lumineux, tout à fait comme un miroir tenu à la main, vous permet, à l'aide du soleil, d'embêter votre voisin d'en face.

Tous ces appareils de mesure sont dénommés à *lecture directe*.

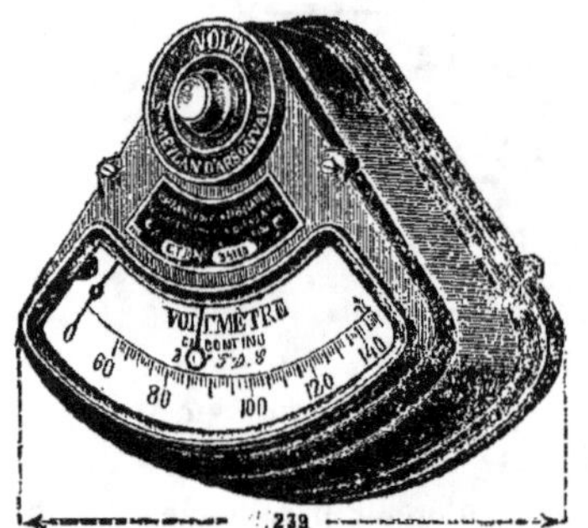

Volmètre-Volta

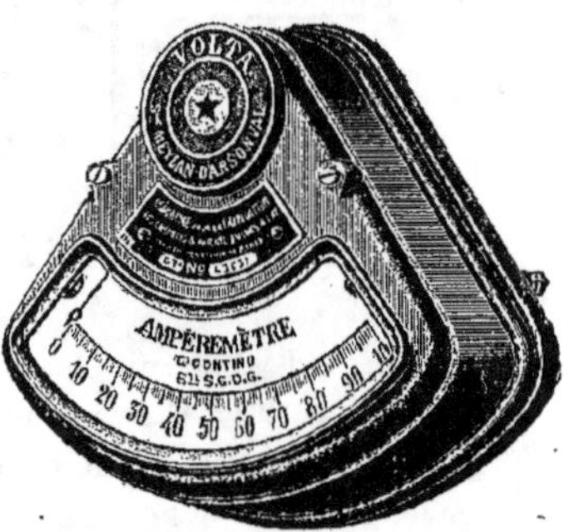

Ampèremètre Volta

Enregistreur "Volta"

Volt — Ampère — Watt... mètre

Cependant, vous admettriez difficilement l'obligation de rester en permanence devant ces appareils, carnet et stylo en mains, et les yeux fixés à la fois sur vos appareils et sur votre chronomètre, pour noter minute par minute la valeur chiffrée des mesures indiquées par vos appareils.....

C'est pourquoi aussi la Mécanique Horlogère, l'personne pondérante et de bon conseil... généralement, est intervenue et de son intervention sont nés les *Appareils Enregistreurs*, dans lesquels l'aiguille ou index de l'appareil de mesures électriques prend la place de votre stylo, alors que votre carnet se transforme en une feuille de papier disposée sur un cylindre mis en mouvement *horaire* par la Docte Personne ci-dessus présentée.

Le stylo indique sur la feuille, horairement mobile, une ligne qui par ses sinuosités, tracées sur des divisions imprimées à l'avance, fixe, *inscrit*, à la façon du comptable le plus scrupuleux, toutes les indications qui vous permettront de vous rendre compte de votre consommation, des variations de tension, etc., etc.

Appareils de Mesure totalisateurs
(Compteurs)

Les Appareils de Mesure *enregistreurs* étaient un grand progrès réalisé sur les appareils à lecture directe, mais étaient certainement d'un emploi difficile pour mesurer l'énergie électrique consommée par des abonnés à une compagnie de distribution (Secteur), en raison des calculs compliqués nécessités en ce cas.

Le problème concernant l'étude des appareils totalisateurs s'est électriquement posé à peu près de la même façon que pour les compteurs employés dans les distributions d'eau, de gaz et d'air comprimé, mais la solution était beaucoup plus difficile à mettre au point..... Jugez-en, chers lecteurs :

Un totalisateur électrique (compteur) doit, en effet, pour être à hauteur de ses fonctions, tenir compte :

1° De la pression ou tension (voltage) sans laquelle le courant est impropre aux services attendus ;

2° Tenant compte de la pression ou tension, il doit totaliser la consommation.

Car ce n'est pas la pression qui est consommée, mais bien la *quantité, l'intensité du courant nécessité par telle ou telle utilisation*.

Exemple hydraulique :

Si vous aviez de l'eau à très grande pression mais coulant à raison d'un litre par heure... que pourriez-vous faire de cette eau ? Rien, c'est certain — ni arrosage — ni lessives... ce n'est donc pas la pression de l'eau qui est utilisée mais bien l'eau *elle-même*, c'est-à-dire l'élément si apprécié de toute la gent aquatique, qui elle aussi ne s'accommoderait pas de la seule pression de l'eau.

L'analogie avec l'électricité est frappante, ainsi :

Une lampe n'éclaire pas avec des volts.

Un moteur ne fonctionne pas avec une force électro-motrice.

Un fer à repasser, par exemple, *ne chauffe pas avec 110 volts*... Certainement non.

La marchandise... la matière... (oh ! douce Fée, pardonne-moi ces expressions sacrilèges ! ! ton culte est cependant si pur !)..... la chose débitée (et je récidive cependant !) existe, est tangible par ses effets et a reçu — vous le savez — le nom d'*Ampère*, et c'est à cette..... (cette fois mettez le mot vous-même ! !)..... que revient tout le mérite du travail accompli.

Ainsi donc :

Une lampe absorbe — ou consomme — des *ampères* qui lui sont canalisés sous une pression (tension, voltage) déterminée.

Un moteur, pour produire un travail, *consomme des ampères sous pression*.

Un fer à repasser — (qui met à profit les frasques de Mesdemoiselles les Calories) restera froid à l'invitation de la seule pression, mais absorbera *des ampères* sous l'influence de cette pression pour vous rendre les services attendus de lui.

3° *Le Totalisateur (Compteur)* doit aussi se montrer plein de déférence pour l'Ancêtre..... pour le Maître absolu (et sans Relativité) de notre monde... (et des autres aussi probablement..... *le Vénérable PÈRE TEMPS*.

Car, n'en déplaise au grand physicien EINSTEIN, il semble bien que la relativité, en ce cas, ne ferait guère l'accord entre le Fournisseur et le Consommateur d'énergie électrique ! ! !..... En effet, dans un *compteur*, c'est-à-dire dans un appareil destiné à écrire *1 et 1 font 2,* tous les relatifs, superlatifs ou adjectifs servant à désigner ou à régulariser des imprécisions *même relatives,* doivent être proscrits d'une façon aussi rigoureuse que possible.

Un compteur ne doit pas être *relativement* juste, il doit être *juste...* sans relativité...

Ainsi donc :

Lampe, Moteur et *Fer à repasser,* comme tous autres appareils d'utilisation, consomment sous une pression déterminée des ampères.

La pression (voltage) ne varie pas ou peu, dans une distribution.

Mais par contre :

Le débit (consommation ou ampères débités) *varie* beaucoup. Non seulement, en raison du nombre d'appareils utilisant le courant. et suivant le type, le modèle ou le genre de ces appareils, *mais aussi suivant le temps durant lequel ces appareils sont en service.*

Le Totalisateur (Compteur) devra donc enregistrer d'une façon rigoureuse, *le temps très variable, d'un débit d'ampères très variable aussi,* sous une pression (voltage) constante.....

Et c'est ainsi que se posait pour l'Étude des Compteurs électriques, le problème à résoudre.

Théoriquement, *il s'agissait,* on le comprend, *de totaliser les Watts* (hectowatts ou kilowatts) *pendant le temps,* c'est-à-dire les watts — hectowatts ou kilowatts... *heure...* Que d'essais ! que de systèmes !... que d'Inventeurs ingénieux ont pâli sur cette question ! ! !

Les premiers compteurs (Edison) étaient électro-chimiques.

Il me faut vous expliquer que le courant électrique, qui peut naître d'une réaction chimique, a aussi le pouvoir de provoquer ces réactions. De cette faculté est née toute l'Industrie Electro-Chimique, extrêmement complexe et dont le développement a pris une extension très grande.

Le phénomène électro-chimique a reçu le nom d'ELECTRO-LYSE et aussi de GALVANOPLASTIE. Dorure, argenture, nickelage, etc., etc., sont obtenus à l'aide des phénomènes électrochimiques.

L'expérience a fixé qu'un courant de *un ampère* réagit, c'est-à-dire décompose ou recompose, les métaux chimiquement purs dans la proportion suivante :

Pour une seconde de durée :

0,3280 milligrammes de cuivre rouge décomposés ou déposés
1,1183 » d'argent » »
0,1040 » de nickel » »
0,6792 » d'or » »

etc., etc...

La décomposition s'opère à l'anode (+ ou positif) et le dépôt se produit à la cathode (— ou négatif).

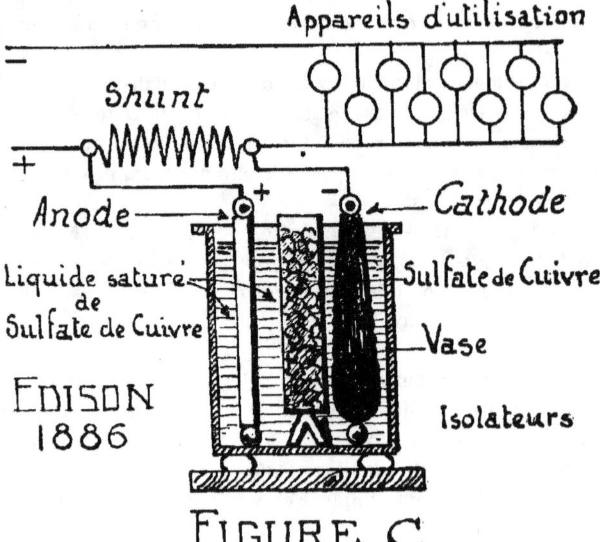

Dans les compteurs électro-chimiques on déterminait la quantité de courant débitée, par le poids de cuivre ou d'argent déposé à la cathode d'un bain galvanique.

Cette méthode était judicieuse.

On sait, en effet, qu'un courant d'un ampère circulant dans une solution saturée de sulfate de cuivre décompose cette solution et que le négatif récolte pendant une heure environ 1 gramme 18 de cuivre métallique pur.

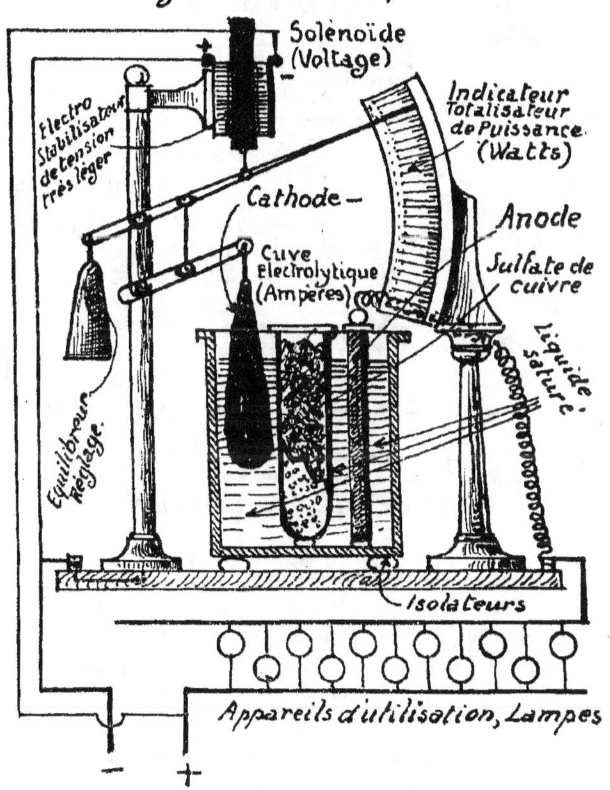

Il suffisait donc de peser périodiquement le cuivre déposé, pour connaître l'intensité totale ayant circulé dans un circuit.

Mais, on outre que ce compteur à liquide présentait de graves inconvénients d'exploitation, son défaut principal était de ne tenir aucun compte de la pression.

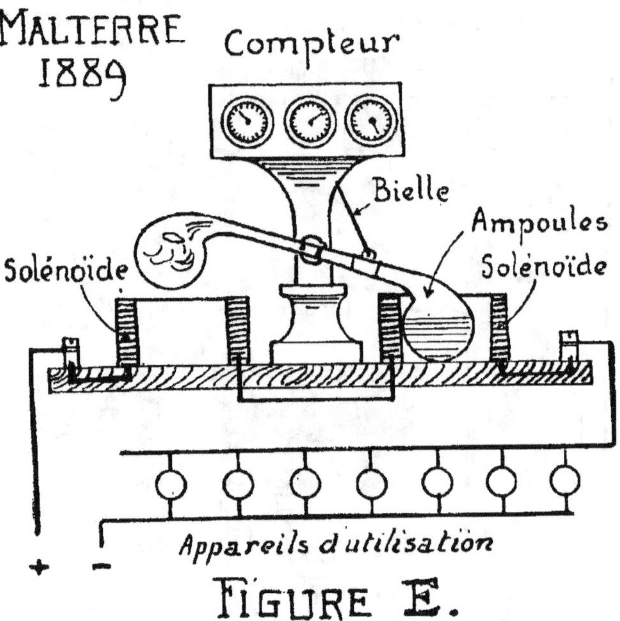

Or, comme la pression (voltage) perdue pour le Consommateur (c'est-à-dire utilisée dans le bain galvanique), pour obtenir le dépôt de cuivre, était de quelques volts, la tension (voltage) du réseau beaucoup plus élevée pouvait parfaitement varier en plus ou en moins, au point même de rendre tout service régulier impossible ; alors que les ampères travaillaient toujours consciencieusement à déposer du cuivre, pesé ensuite comme si le voltage (pression) avait été normal.

Ce type de compteur est aujourd'hui abandonné.

Je donne ci-dessus le schéma théorique d'un Wattmètre totalisateur que l'on a attribué à Edison, sans aucune preuve de cette paternité. Ce Compteur est Electrolytique comme celui décrit ci-dessus (figure C), mais il est complété par un dispositif mettant en œuvre un solénoïde dont l'action doit — en principe — obéir à la pression et corriger l'indication totalisée... chimiquement cet appareil était sans doute ingénieux, mais les Laboratoires, bien achalandés, ont dú, seuls, l'expérimenter.

Un très curieux essai de mouvement automatique pour compteur fut réalisé par MALTERRE, Ingénieur Electricien de la première heure.

Dans cet essai un mouvement de bascule était automatiquement obtenu de la façon suivante :

Deux ampoules reliées par une tubulure (ensemble en verre peu épais) et contenant de l'alcool en quantité suffisante pour correspondre à la capacité d'une ampoule.

Cet ensemble était monté sur un pivot à son milieu et disposé de façon à ce que chaque ampoule, dans sa position basse, ait son point de repos dans un solénoïde parcouru par le courant, les deux solénoïdes reliés en série.

Une bielle (tige) reliée par un pivot, à un des bras du levier double ainsi constitué, actionnait un totalisateur mécanique.,

C'était, on le comprend, ces Demoiselles les Calories qui étaient mises à contribution... car l'alcool chauffé par leur action, développée dans les solénoïdes, passait de l'ampoule basse (pleine) dans l'ampoule haute (vide), le poids agissait ensuite pour produire le mouvement de bascule.

Seulement... un fâcheux contre, mit à néant ce dispositif ingénieux... Ces demoiselles calories, amusées, c'est probable, par ce petit jeu de balançoire... s'attardaient dans le liquide et oubliaient de le quitter... ce qui produisait au bout de peu de temps un effet d'accélération déplorable, au point de fausser toutes mesures.

Il eut fallu pouvoir les prier de sortir, le plus vivement possible, dès l'arrivée du liquide qu'elles accompagnaient dans l'ampoule haute, c'est-à-dire organiser le refroidissement... puis aussi maintenir tout l'appareil dans une ambiance de température réglée et régulière..... bien des complications.....

.....Mais, au fait, vous connaissez ce principe !..... Souvenez-vous, ce Magicien de nos fêtes foraines, qui prétendait, à l'aide d'ampoules semblables, tenues dans votre main fermée, déterminer vos qualités, vos défauts et vos capacités...

Ces deux types de Compteurs, Electro-Chimiques et Thermiques, pour très ingénieux qu'ils soient, ne pouvaient par leurs principes, résoudre le formidable problème posé, et c'est à l'action Electro-mécanique que les Inventeurs s'adressèrent pour obtenir de meilleurs résultats.

Vint bientôt un type de compteur PENDULAIRE (ARON, ingénieur allemand), ce compteur le premier, a donné un résultat acceptable.

Comme tous les premiers systèmes de compteurs, le compteur ARON fut d'abord un *Ampères-heure-mètre*, totalisant les ampères débités, sans trop se soucier de la pression ou tension (volts).

Un des premiers, il franchit la porte du domaine pratique et fut même fort employé à un certain moment.

Il devint bientôt *Watts heure-mètre*, c'est-à-dire qu'il totalisa les ampères-heure en fonction de la tension.

Le croquis schématique ci-dessus indique le principe de ce compteur ARON, mettant en œuvre l'action de deux pendules identiques de longueur, de poids et de matières, actionnés par deux mouvements d'horlogerie (à remontage) exactement semblables.

Les oscillations de ces pendules sont théoriquement, *et aussi pratiquement que possible, semblables* — à vide — Cependant, il est prouvé que le synchronisme des oscillations pendulaires est impossible à réaliser... Un grand Roi de France n'a-t-il pas passé une partie de sa vie privée à... essayer de faire sonner ses horloges fameuses, toutes ensembles ???.....

Un de ces balanciers de ce Compteur Pendulaire porte une pièce en fer doux (dont le poids est équilibré dans le deuxième pendule) ; Cette pièce est réglée pour passer à chaque oscillation au-dessus du noyau en fer doux d'un solénoïde parcouru par le courant (ampères), soit total, soit dérivé d'un shunt ; de ce fait les oscillations de ce pendule se trouvent modifiées par rapport aux oscillations *toujours libres* du deuxième pendule.

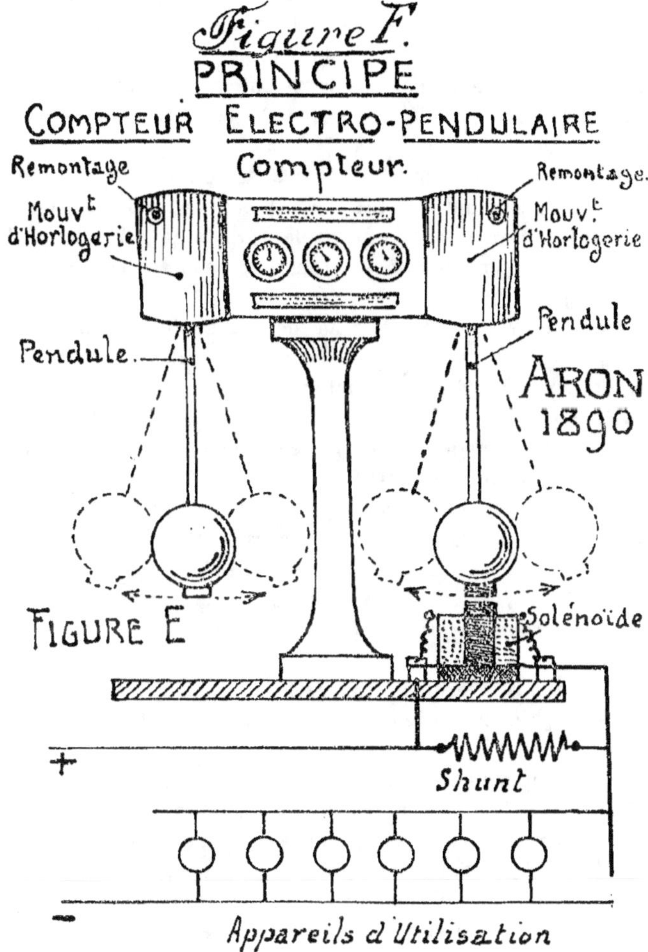

Les deux pendules règlent la vitesse de rotation de leurs mouvements d'horlogerie respectifs, les vitesses de ces mouvements deviennent donc différentes, proportionnellement à l'influence du solénoïde, agissant seulement sur l'un des pendules.

Pour *récolter* cette différence de vitesse, qui est l'expression du courant traversant le solénoïde, un système de rouages différentiels, satellistes, entraînés par des éléments communs aux deux mouvements, actionnent la minuterie des cadrans totalisateurs, lesquels sont de cette façon actionnés uniquement par le mouvement différentiel créé par les oscillations rendues dissemblables par l'influence du solénoïde.

Dans un modèle primitif, le comptage, c'est-à-dire l'avance des aiguilles de la minuterie enregistreuse était opéré par un déclanchement se produisant pendant la période de coïncidence des battements (cependant différents) des deux pendules (synchronisme incident).

Dans les derniers modèles, les deux pendules sont influencés par des *champs magnétiques* (action des solénoïdes) inverses, ayant tendance : l'un à accroître, l'autre à diminuer la durée oscillatoire, et par conséquent à rendre plus sensible encore l'action différencielle récoltée par le système de rouages satellites actionnant la minuterie totalisatrice.

Les bobinages des solénoïdes sont différents également, de façon à ce que leur influence se produise sous l'action soit de la tension (volts), soit sous l'action de l'intensité (ampères).

En résumé, ces compteurs, bien que très employés, présentaient des inconvénients et la régularité des mesures nécessitait un correctif.

Le remontage des mouvements d'horlogerie se faisait à la main dans les premiers modèles, et était automatique dans les derniers types.

Ces compteurs sont aujourd'hui presque complètement abandonnés, depuis la mise au point des compteurs THOMSON.

Le compteur le plus répandu actuellement, est le compteur THOMSON (Elihu THOMSON, ingénieur américain).

Ce compteur (Wattheure-mètre) met en œuvre un moteur minuscule comportant une disposition de bobinages tout à fait spéciale, ayant pour but d'éviter l'accélération de la vitesse, qui

d'une part est strictement dépendante de l'intensité du champ
magnétique excitateur, lequel est proportionnel à l'intensité du
courant débité, alors que la tension influe sur les bobinages
moteurs (induit) ; d'autre part, un système de freinage magnétique
absorbe, par induction, l'énergie motrice de ce moteur, le

Figure G.
Compteur Thomson
Compagnie des Compteurs à Paris

principe même du moteur à vitesse proportionnelle à la puissance
absorbée (ou débitée), est invariablement appliqué dans tous les
types mis en pratique. Cette disposition géniale a pour résultat de
donner au moteur une vitesse angulaire qui est l'expression exacte
de la puissance en fonction de la pression (voltage) et de l'intensité
débitée, vitesse qui obéit au temps pendant lequel la puissance
($E \times I$) subsiste.

L'arbre de ce moteur (vertical) entraîne la minuterie totalisatrice.

Un grand nombre de types de compteurs appropriés, soit
aux genres de courants (continus — ou alternatifs — monophasés,
biphasés ou triphasés — équilibrés ou non) ont été établis.

Le compteur O. K. (O'KENAM) ne diffère du compteur
THOMSON que par l'excitation qui est magnétique et par son
montage en dérivation sur un shunt.

La perfection des compteurs type Thomson construits par la Compagnie Française des Compteurs (Boulevard de Vaugirard à Paris), est telle que leurs indications sont exactes à moins de 1 °/₀ quelle que soit leur charge.

Les compteurs de cette construction sont perfectionnés, au point que le *coefficient* est supprimé.

Le coefficient était l'indication de la valeur en watts d'un tour de moteur (ou de disque). L'application de ce coefficient ou équivalent d'un tour de la partie mobile du moteur, nécessitait encore un calcul, car les chiffres indiqués par les aiguilles sur les cadrans étaient à multiplier par le coefficient indiqué *pour chaque compteur*.

C'est à la Compagnie des Compteurs MICHEL (Licence française des Compteurs Thomson), que revient le mérite des perfectionnements réalisant cette suppression du coefficient, car dans les compteurs de cette construction, un tour de moteur est toujours égal à une unité — *le coefficient est 1.*

Ce type de compteur est celui dont seront munies vos installations, et il vous sera facile de vous rendre compte, non seulement, de votre consommation totale journalière ou mensuelle, mais aussi de connaître la dépense de courant de tel ou tel appareil ou de telle ou telle lampe, pour cela... notez le chiffre du compteur avant de mettre l'appareil en fonctionnement, mettez cet appareil en action pendant une minute *montre en main*, reprenez ensuite le chiffre, multipliez le résultat de votre observation par 60 et vous serez parfaitement fixé sur la dépense horaire, en appliquant le prix, soit de l'hectowatt, soit du kilowatt heure.

Seulement... permettez cette question — *Savez-vous lire les cadrans de compteurs ?*

.....Sans connaître votre réponse, je me permets de vous rappeler la méthode.

Regardez les cadrans ci-après (reproduction d'une série de cadrans de compteur) :

Vous remarquez 6 cadrans, portant des indications décimales correspondant aux centaines, dizaines, *unités*, puis dixièmes — centièmes et millièmes — l'indication *K. W.* donne la valeur de

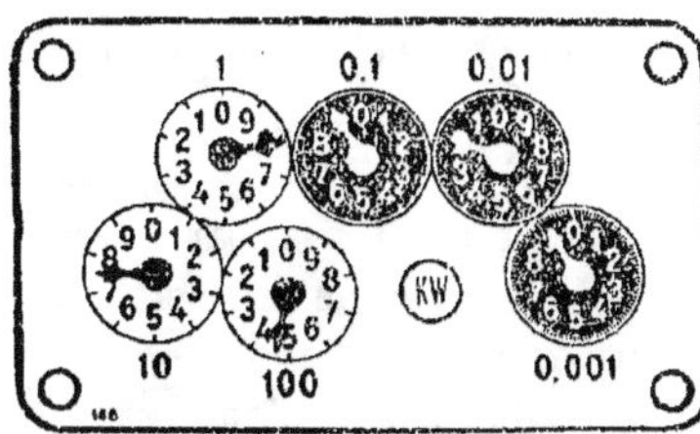

Figure H.
Cadrans de Compteur

l'unité (Kilowatts), donc, rien de plus simple :

Pour établir — *relever* — le nombre indiqué par ces six cadrans — *notez toujours le chiffre que vient de dépasser l'aiguille, ou celui sur lequel elle se trouve exactement, en commençant par le cadran donnant*

le multiple le plus élevé. Vous remarquerez que *les aiguilles ne tournent pas toutes dans le même sens.* Cette particularité provient des nécessités mécaniques de la construction et de la disposition des rouages multiplicateurs.

Ainsi, le nombre indiqué par l'ensemble des cadrans figurés ci-dessus, est comme suit :

Centaines — 4
Dizaines — 7
Unités — 8   Indication K W = kilowatts
Dixièmes — 9
Centièmes — 2
Millièmes — 9

soit en résumé 478 kw 929 w

478 kilowatts-heure, 929 watts-heure.

Supposons que le nombre correspondant relevé la veille à 18 heures (par exemple) ait été aux mêmes cadrans

435 kw 221

Votre consommation pour 24 heures (si nous admettons le nombre de 478.929 relevé la veille à la même heure), est exactement :

478,929 moins 435,221, soit 43,708

c'est-à-dire 43 kilowatts-heure 708 watts-heure, ou 437 hectowatts-heure 08 watts-heure.

Multipliez maintenant par le prix du kilowatt-heure, indiqué à votre police d'abonnement et vous saurez ainsi le prix des services rendus pendant ces vingt-quatre heures par notre Fée... hé ! hé !... cherchez les mêmes services au même prix ! ! ! ! même par le temps qui court ! ! !...

Voulez-vous savoir à l'aide d'un compteur ce que consomme par heure une lampe de 50 bougies ?

Supposons cette lampe *cataloguée demi-watt*, c'est-à-dire étant supposée commercialement consommer un demi-watt par bougie (photométrique) et par heure... vous devez penser que j'abuse ???.. dame !... 50 bougies à un demi-watt par bougie, *sans compteur*, vous avez certainement déjà trouvé le résultat : (50 × demi-watt = 25 watts entiers, c'est simple ! ! !... soit 25 watts par heure !..... *Croyez-vous* ?... essayez... pour cela ne laissez que cette lampe à essayer en service (c'est-à-dire à l'allumage), fermez le compteur, et après avoir relevé le nombre indiqué par ses cadrans suivant la méthode indiquée ci-dessus, *ne mettez le courant* qu'au moment où l'aiguille de votre « Lip » ou de votre « Zenith » ou de votre « Japy » tout simplement, passera sur le *1* de son cadran de secondes, puis lorsque l'aiguille aura fait son tour, coupez le courant (*le jus* comme disent les électriciens) et relevez à nouveau le nombre... vous trouverez *pour le moins* un nombre de... *45 watts* supérieur à celui que vous aviez tout d'abord noté.

Vous penserez alors comme moi, que les *demi-watts de catalogue tiennent sérieusement compte de la relativité*... nous aurons raison l'un et l'autre... Et vous pourrez vous consoler de cette..... *réalitivité* (ou réalité si vous le préférez) en comparant le prix des 45 watts-heure vous donnant au moins l'éclairage de *40* bonnes bougies décimales, pendant une heure, au prix que serait la consommation de 30 bonnes bougies... en stéarine brûlant pendant le même temps... et malgré l'amertune du calcul premier, vous bénirez, j'en suis certain, les *bienfaits réels* de l'éclairage généreux distribué à profusion par notre Fée, si douce, magnanime et fière..... malgré la relativité des exactitudes..... de catalogues.....

Et toute cette théorie, chers Lecteurs, à propos des compteurs ! *Je m'accuse* : j'ai été bien long dans mes explications..... *Je m'excuse* : c'était nécessaire pour que ma conscience soit d'accord avec mes intentions.

Pour terminer ce chapitre sur *Les Appareils de Mesure*, je dois vous indiquer que les compteurs actuels sont *justes*, la perfection étant *presque* leur constante.

Nos Savants, nos Ingénieurs-Prêtres, Grands-Prêtres, Archi-Prêtres de la Divinité radieuse — se sont surpassés ! et nous leur donnons aussi la mise au point de compteurs (Watts-heure-mètre) spéciaux.

· *Compteurs change tarif.* — Employés au cas où dans une application industrielle la Compagnie fait des prix différents suivant les heures d'utilisation.

Dans ces compteurs... *automatiquement* les consommations s'inscrivent, *suivant l'heure,* sur des cadrans différents.

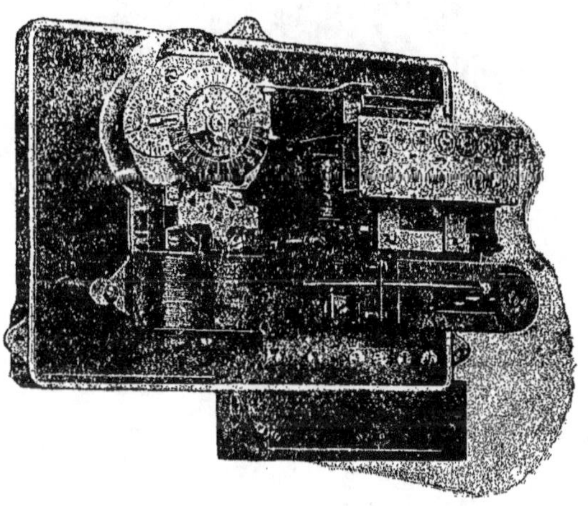

Compteurs à pré-paiement (paiement préalable), bien connus, car il en existe pour le débit du gaz également.

Ce compteur débite le courant correspondant au prix représenté par des pièces de monnaie préalablement mises dans leur sein, comme dans une tirelire... certains même nous préviennent par un petit clignotement d'éclairage quand la provision est près de l'épuisement.

Compteurs horaires. — Enregistrant simplement le *temps* d'une consommation forfaitaire acceptée de part et d'autre, soit pour un éclairage particulier ou un moteur, soit pour une enseigne

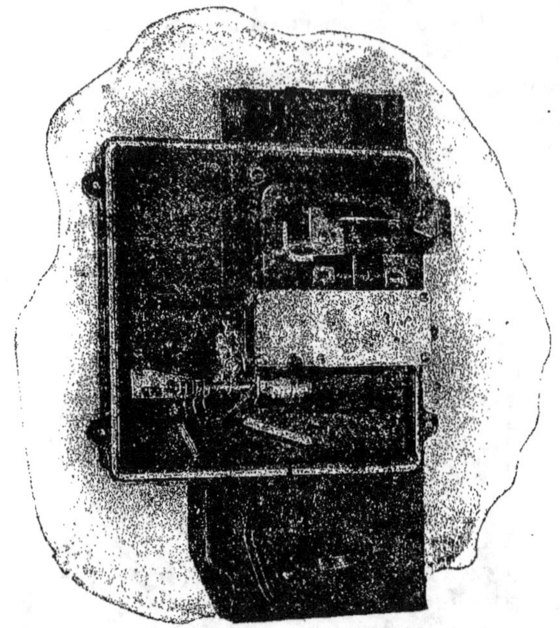

lumineuse, etc., etc., ces compteurs sont un peu délaissés aujourd'hui.

. . . .

Voilà, chers et patients Lecteurs, ce qui concerne ces appareils qui, vous pouvez le constater, n'ont de bien mystérieux que les noms un peu compliqués qui leur ont été donnés.

NOTA. — Les appareils de mesure dont les clichés figurent ici, sont ceux de la Compagnie des Compteurs, 16 à 24, boulevard de Vaugirard, à Paris. Mes remerciements au Directeur de cette Société Française hors concours pour toutes ces fabrications.

H. L.

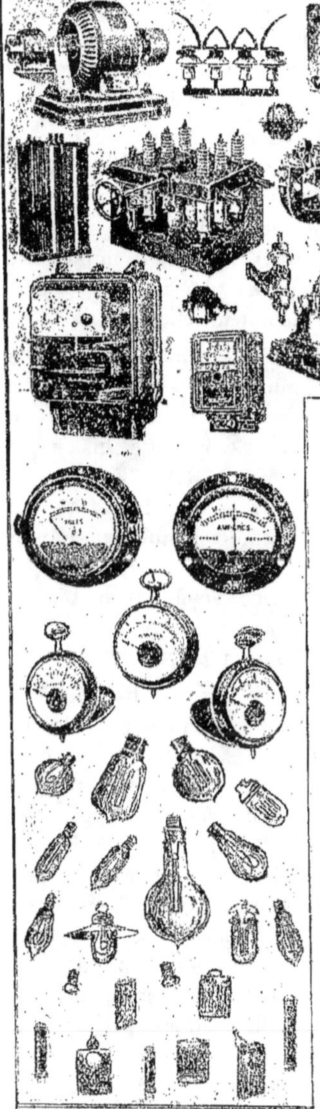

RÉSUMÉ

des

Chapitres précédents

Une définition de **l'Électricité**
a été citée et commentée

Les causes apparentes des sources
électriques : statiques - chimiques-
magnétiques et mécaniques ont été
expliquées..... autant qu'il était possible de le faire, sans exiger des
Lecteurs toute l'admirable technique
obtenue par l'enseignement de nos
grandes écoles... puis...

Le principe de la naissance du
Courant électrique étant admis :

La forme de ses manifestations a été indiquée, ainsi que les unités nécessaires, réglementant son usage.

Les appareils de mesure correspondants aux unités usuelles ont été énumérés et chronologiquement décrits, suivant leur importance, depuis l'Ancêtre jusqu'au compteur moderne.....

J'aborde maintenant le chapitre le plus attrayant de ce conte, digne des Mille et une Nuits, de cette histoire de l'ÉLECTRICITÉ dédiée, je le rappelle, non pas aux Techniciens qui, s'ils me lisent, excuseront certainement la forme volontairement fantaisiste et les exemples un peu osés, employés.

Ce conte, cette relation de la plus grande, de la plus belle découverte humaine, s'adresse surtout aux praticiens, c'est-à-dire à ceux et celles qui, touchés par l'adorable grâce de la FÉE, à jamais glorieuse, usent ou useront des bienfaits si généreusement, si largement distribués par la DÉESSE, cependant encore si mystérieuse, et accueillant ainsi la plus douce et la plus désintéressée des Compagnes.

Que peut-on faire
avec l'ÉLECTRICITÉ ?

——•×•——

Si j'avais désiré abréger ma narration, j'aurais posé la question au sens *négatif* et j'aurais écrit : *Qu'est-il impossible de faire avec l'ÉLECTRICITÉ ?*.....

La réponse eût été simple et contenue en un seul mot... « *rien* ».....

....Mais en ce cas : adieu ! le conte de la Belle FÉE ; adieu ! ses mirages vibrants et lumineux ! adieu, toute la fantasmagorie magique, et cependant réelle de ses dons d'essence divine.....

Aussi ai-je préféré poser la question au sens... (au pôle, devrais-je dire) *positif*... c'est-à-dire au *sens réel* et générateur... quelles que soient pour moi, d'ailleurs, les conséquences littéraires..... de ma préférence.

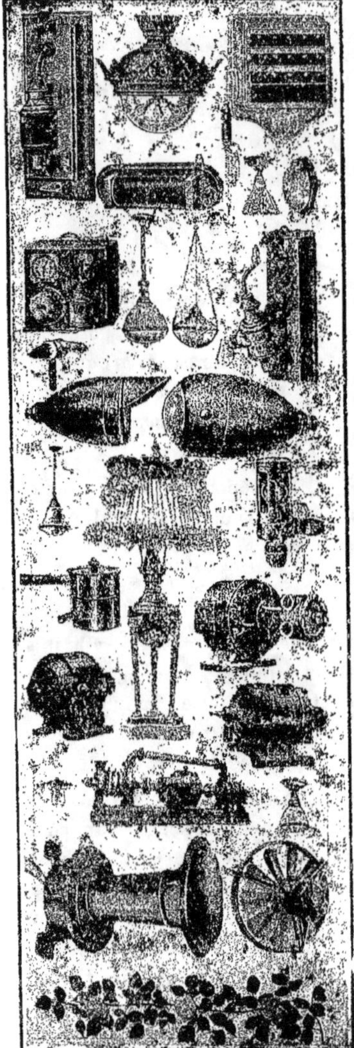

Pour vous indiquer tout ce qu'il est possible de faire avec l'ÉLECTRICITÉ, comment m'y prendrais-je ?...

Tenez, Chers Lecteurs : voici un moyen.

Groupez par conjugaison, si vous voulez, tous les verbes actifs de notre belle langue française.

Groupez ces mots se terminant en : *ER, IR, RE*, ou *OIR.*

Ces mots indiquant : une action, un travail, l'état..... mobile ou immobile d'une chose cependant inerte par elle-même ;

Vous obtiendrez certainement une liste de plusieurs pages.....

Quand enfin, vous aurez *tout épuisé* des mots indiquant, dans notre langue, la plus riche, tout ce qui naît, tout ce qui vit, se déplace ou se transforme..... vous aurez, Chers Lecteurs, une idée des libéralités de la FÉE ÉLECTRICITÉ.

...Pensez ensuite, que nous sommes *un peu* de notre siècle

(et entre nous, ce n'est guère de notre faute).

...Que notre *siècle* est le vingtième bientôt de nos connaissances scientifiques.

.....Que l'ÉLECTRICITÉ personnifiée ici par une fée semblable, si vous voulez, à celle de « l'Oiseau bleu » ou de la « Belle au bois dormant »..... fées de notre berceau et de nos premiers pas... existait, avant..... longtemps avant.

...Que la Fée que je chante : « l'ÉLECTRICITÉ » est..... *qui me contredira ?* la Mère, toujours jeune, toujours génératrice du monde... connu de nous... et aussi de l'inconnu de nous...

Mère encore incomprise, inexpliquée jusqu'ici, malgré notre science, bien pâle ; il faut le reconnaître auprès des phénomènes enfantés par elle ....

...Et jugez-moi ensuite, par la pensée, si j'osais vous écrire ici, des lignes restrictives :

Si je vous écrivais : « avec l'ÉLECTRICITÉ on peut faire telle ou telle chose et non telle ou telle autre ? ».....

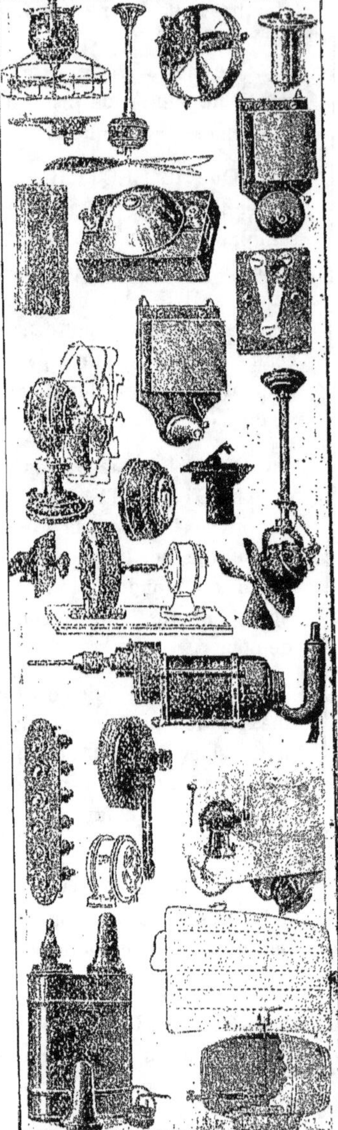

Je vous déclare donc, ce qui suit :

.....Déclaration paradoxale, si elle est mal interprétée, mais dont je revendique cependant la responsabilité entière.

L'ÉLECTRICITÉ permet tout.

L'ÉLECTRICITÉ détient notre avenir,

et j'ajoute ceci :

L'ÉLECTRICITÉ, méconnue, maltraitée, estimée au-dessous de sa valeur, devient dangereuse.

La FÉE a dicté ses lois, *toutes débonnaires* pour qui sait les appliquer, mais aussi *terriblement sévères*, pour qui les transgresse, soit par ignorance, soit par une économie mal placée...

Donc, en *résumé*, et en s'y prenant correctement, on peut, avec *l'ÉLECTRICITÉ*, *tout faire* et les limites des actions possibles ne sont fixées..... à notre époque..... que par des raisons économiques et techniques... plus économiques que techniques.

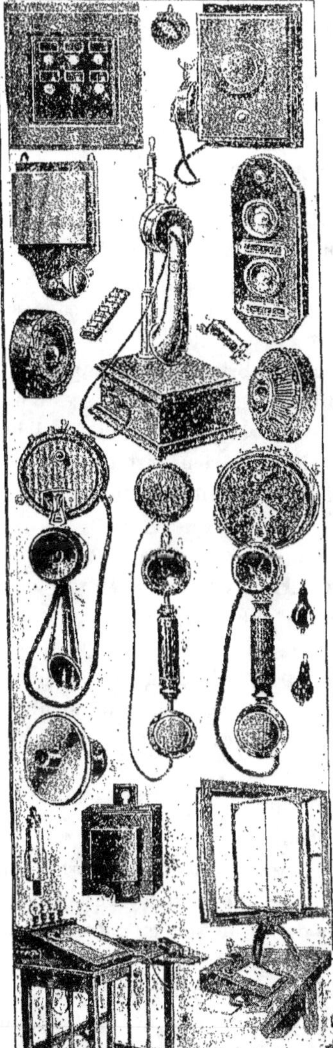

Pour vous permettre de juger le prix des services de notre Fée servante, je fais appel aux lumières de compétences techniques reconnues ayant déjà traité le sujet que je traite, et rendu hommage aux vertus de la FÉE.

NOTA. — Les indications suivantes ont été extraites d'une notice éditée par l'Union des syndicats de l'Électricité sous les auspices de M. AMÉDÉE PETIT, ingénieur agronome électricien, Vice-Président de la section du Génie Rural, Société Nationale d'encouragement à l'agriculture, avec l'autorisation duquel je fais ces citations.

Les clichés figurant dans le texte ci-dessus proviennent de la Collection de l'**Électro-Matériel**, 7, rue Darboy, à Paris, dont je remercie les Directeurs MM. Hinstin et Lehmann.

Ce qu'on peut faire avec un kilowatt-heure
dans l'habitation. (Petite puissance)

Avec un kilowatt-heure (courant d'une intensité de 9 ampères environ maintenu (absorbé ou débité) pendant une heure sous une pression tension de 110 volts environ), soit une dépense de 1 20 par exemple, il est possible de faire ce qui suit : (pour le moment)

1° *S'ÉCLAIRER*

Pour évaluer l'éclairage possible à réaliser avec *un kilowatt-heure*, il me faut :

1°) Vous indiquer la consommation des lampes à incandescence.

Sans entrer dans les détails de leur fabrication, je rappelle ici le principe de ces lampes qui sont invariablement composées d'un filament (fil très mince) de composition très diverse, contenu dans une ampoule de verre dont l'atmosphère intérieure est diversement composée, ce filament est porté à l'incandescence lumineuse par le passage du courant.

Tout le mérite de l'invention de la lampe à incandescence dans le vide revient à *Edison*, Génie Américain, le premier entre tous, marqué par la grâce de la Fée universelle. Les premières lampes « *Edison* » datent de 1880.

Les lampes à incandescence dont on fait usage actuellement sont de plusieurs genres suivant la nature de leur filament, et aussi suivant la composition de l'atmosphère intérieure de l'ampoule de verre.

Trois genres de lampes sont en usage :

A. — *Lampes à filament-charbon.*

Le filament de ces lampes est composé du charbon provenant de filaments, soit découpés dans un bristol (carton léger) spécial, soit de fibres de roseau, soit de fils de lin, de soie ou autres textiles tressés ou agglomérés.

Ces filaments sont mis en forme, puis calcinés (carbonisés) suivant des procédés spéciaux, correspondant à des méthodes de fabrication assez différentes, mais dont le but invariable est l'obtention d'un mince fil de charbon, assez solide pour supporter les opérations complémentaires de ces fabrications. Ce filament doit conserver une résistance électrique scrupuleusement calculée, permettant au courant — dont la pression (tension) est prévue — de provoquer à une température telle qu'il devienne « lumineusement » incandescent.

Pour faciliter ces opérations délicates, les filaments sont imprégnés (avant la carbonisation) de liquides divers, composés de dissolutions acides-minérales ou végétales remplissant le but cherché.

Pour éviter que le filament ne brûle comme le ferait à l'air libre une allumette dont la flamme est éteinte, on place le filament dans une ampoule de verre hermétique dont on a retiré tous les gaz... de façon à être bien certain d'en avoir supprimé *l'oxygène* — gaz sans lequel, vous le savez, aucune combustion n'est possible — on a donc fait ainsi dans l'ampoule un vide aussi complet que possible.

Bien entendu (mes Lecteurs l'ont deviné), il s'agit dans cette fabrication, de faire « risettes sur sourires » à Mesdemoiselles les Calories ; car ce sont leurs capacités et leurs pouvoirs, qui sont mis à contribution.....

.....Un inventeur, philosophe profond, doublé d'un observateur très averti des choses de ce monde, a eu un jour l'idée d'imprégner les filaments de sirop de sucre ! ! !..... Hé ! hé !... offrir des sucreries à des demoiselles... fussent-elles calories, constituait, n'est-ce pas, de la part de son auteur, un geste hardi et galant..... Eh bien ! chers Lecteurs, ce procédé *osé*, a parfaitement réussi... et pendant nombre d'années, les meilleures lampes électriques à incandescence ont été celles dont l'ampoule contenait un filament..... *sucré*, c'est-à-dire imprégné, avant carbonisation, d'un sirop, dont le sucre faisait tous les frais..... La carbonisation s'opérait de différentes façons, mais la plus répandue consistait à porter au rouge... « cerise », les filaments préparés et mollement étendus sur un lit de graphite (charbon rare et doux dont on fait des crayons réputés... et aussi des Microphones).

Dans ces lampes, ces demoiselles « Calories », s'en donnaient à cœur joie, car : le textile, le sucre, le lit de doux charbon cerise..... n'étaient pas faits pour secouer leur nature un peu..... « proche Orient ! »... c'est-à-dire indolente et peu nerveuse... et, comme on dit en style « tranchées », elle ne s'en faisaient pas !...

Aussi ces lampes avaient-elles une consommation très élevée, qui par bougie décimale débutait à 3 watts et demi à l'heure pour augmenter rapidement, leur durée était longue, très longue, trop longue même, elles pouvaient atteindre plusieurs milliers d'heures.

Mais ces demoiselles Calories, modernes Electro-Vestales devenaient exagérément gourmandes et il arrivait qu'à l'âge de 1000 heures, les lampes filament carbone consommaient 7, 8 et même 10 « watts heure » par bougie décimale photométrique.....

Si bien que la permanence « éclairée » de nos Docteurs ès-Electricité, malgré sa galanterie toute naturelle, résolut de réduire les prétentions par trop coûteuses de « Mesdemoiselles Calories ».....

Cette permanence scientifique, véritable Préfecture d'Electro-Police, les a bien mises à la raison, ces coquettes gourmandes !... et vous allez voir comment...

L'opération fut en somme peu compliquée et dictée par le raisonnement le plus simple.

Nos savants firent appel aux métaux purs et rares. *Le fer chimiquement pur, l'Osmium, le Tantale, le Tungstène, etc.,* etc., furent employés d'abord au laboratoire et bientôt apparurent les lampes à « filament métallique ».

B. — *Lampes à filament métallique.*

Les filaments métalliques ont de grandes qualités... et quelques défauts, mais la balance entre l'Avoir (qualités) et le Doit (défauts) est tel que la pratique accueillit immédiatement ces lampes nouvelles.

L'atmosphère intérieure des ampoules de ces lampes est composée soit de gaz rares, privés d'oxygène (azote ou composés d'azote, d'argon et de néon) ou encore ces filaments sont dans un vide relatif.

Leurs qualités.

Fabrication simplifiée — consommation extrêmement réduite — partant de 1 Watt environ par bougie décimale pour monter à 2 Watts environ au bout d'une vie raisonnable de 5 à 600 heures.

Leurs défauts.

Fragilité à froid — lumière un peu blanchâtre — prix un peu plus élevé que les « Carbone » — et aussi — (certains docteurs l'ont affirmé) — production de rayons « électro-statiques » dangereux pour la tranquillité de notre système optique… mais ce dernier défaut n'a jamais été bien prouvé.

Résultat.

Economie malgré le prix élevé ; la fragilité et la durée réduite.

En effet, prenons une « Carbone » et une « Métallique » ayant l'âge de raison — mettons 300 heures :

« *Carbone* » dépensera par bougie heure — 4 watts environ.

« *Métallique* » dépensera par bougie heure — 1 watt deux, soit une économie de 2 watts huit par bougie, l'économie immédiate est donc de 70 %/₀ sur l'intensité du courant absorbé…

En d'autres termes — 100 watts heure (un hecto-watt) équivaut dans les deux cas à l'éclairage suivant :

« *Carbone* » 100 watts : 4 = 25 bougies heure environ.

« *Métallique* » 100 wats : 1,2 = 84 bougies heure environ.

…..Pauvres Demoiselles Calories ! comme vous voilà bridées, corsetées, guindées ! et comme s'est éloigné de vous le lit sucré de charbon doux cerises !…

Mais ce n'est pas tout, chers Lecteurs !…..

Un jour apparut une lampe « étrange » venant des profondeurs de la Sprée.

Lampe éminemment technique mais d'une pratique fichtrement compliquée.

Imaginez une lampe électrique à incandescence — économique, c'est certain — puisque cette lampe consommait 1 Watt par bougie, à l'époque où nous en étions à : 4, 5, 6 Watts et plus, par bougie… mais…

…Elle coûtait un prix fou. Le filament de ces lampes était à l'air libre et « empâté » de terres rares (zirconium, thorium, etc.), et ne livrait passage au courant, devant entretenir son incandescence, qu'au-dessus de 600 degrés — de sorte, qu'il fallait « allumer » ses lampes électriques ; un peu comme dans une Eglise, on allume les cierges….. avec une perche portant un tampon imbibé d'alcool enflammé ! ! !

En 1900, à l'Exposition, un pavillon entier était éclairé de la sorte.

Par la suite, un dispositif, d'une ingéniosité « colossale », fut adjoint au filament.

Ce dispositif comportait : un réchauffeur électrique, chargé de porter la température ambiante du filament aux 600 degrés nécessaires à l'allumage définitif, et à ce moment, un disjoncteur dont le solénoïde était en dérivation dans le circuit du filament « empâté », coupait le courant au réchauffeur.

...En sorte que, si la lampe (dont le filament « empâté », était à l'air libre) se trouvait dans un courant d'air frais, il fallait compter 10 bonnes minutes, pour que la lampe se décide à faire son service !

Quand je dis 10 minutes, je suis encore modeste...

Cependant, cette lampe eut un certain succès, en raison de l'économie de courant dont elle était cause ; à l'époque où le kilowatt « petite puissance », se vendait de 6 à 8 francs.

Cette lampe a disparu, complètement détrônée par la lampe à filament métallique.

C. — *Lampe à filament « Spiralé » dite « Demi-Watt »*.

Commercialement la lampe à filament métallique ordinaire a pris, dans les catalogues, le titre de *Monowatt* dès l'apparition de la lampe nouvelle dénommée « *demi-watt* ».

Cette lampe nouvelle à filament métallique également, mais dont la disposition est différente, a été étudiée pour permettre d'obtenir une température beaucoup plus élevée, et par conséquent une incandescence plus lumineuse, parce que plus violente.

Ces lampes, les dernières mises en pratique, sont dénommées *demi-watts*, en raison de leur consommation réduite.

Leur filament, plus court et par conséquent moins résistant, est enroulé en spirales très petites et très rapprochées pour obtenir la température nécessaire, puis placé dans une ampoule dont l'atmosphère est composée de gaz inerte (azote généralement).

Cependant dans les lampes actuelles, on simplifie (peut-être au détriment de la qualité) — et l'atmosphère se compose d'air « désoxygéné » — c'est-à-dire : d'air dont l'oxygène a été absorbé par un procédé chimique ou électro-chimique (exposition à l'action des sels de radium, par exemple).

Ces lampes, bien que portant le titre de *demi-watt*, consomment en réalité, pour les petites intensités (25 à 100 bougies sous 110 volts) environ 6 à 8 dixièmes de watt par bougie heure.

Leur durée, très variable, est de 3 à 600 heures, souvent moins.

Leur prix est plus élevé que celui des lampes dites « Mono-watts ».

Elles chauffent autant que les « Carbone », leur lumière est blanche, très vive et le point lumineux est très petit.

Ces lampes deviennent remarquablement économiques, dans les grandes intensités de 200 à 2.000 bougies, soit à voltage élevé (220 volts) soit à faible voltage (20 à 30 volts)...

.....Nous en sommes là pour les lampes à incandescence.

« *En résumé* » :

Les trois types « *Carbone* », « *Monowatt* » et « *Demi-Watt* », se fabriquent couramment pour des intensités très différentes, qu'il est possible de classer comme suit :

« *Carbone* »

5 Bougies consommant environ	20 watts-heure.
10 — — —	38 —
16 — — —	58 —

« *Monowatt* » (*Métallique*)

10 Bougies consommant environ	12 watts-heure.
16 — — —	19 —
25 — — —	28 —
50 — — —	55 —
100 — — —	110 —

« *Demi-Watt (Métallique à filament « spirale »*.

50 Bougies consommant environ	40 watts-heure.
100 — — —	65 —
200 — — —	120 —
300 — — —	170 —
400 — — —	230 —
500 — — —	260 —
1000 — — —	520 —

Bien entendu les consommations indiquées sont approximatives et considérées comme moyennes pour les 50 premières heures de fonctionnement, puis la consommation va en augmentant comme je l'ai indiqué au cours du présent chapitre.

De sorte que l'on peut avec un kilowatt-heure, s'éclairer comme suit (à peu de chose près), je prends le kilowatt-heure à 1,20).

Je laisse de côté les lampes carbone peu intéressantes aujourd'hui, et je donne des résultats approximatifs :

Monowatt (environ).

84 heures avec	10 Bougies,	dépense par heure	= 0,0155
64 —	16 —	soit par heure	= 0,0191
40 —	25 —	—	= 0,03
18 —	50 —	—	= 0,0667
9 —	100 —	—	= 0,133

Demi-Watt (environ).

25 heures avec	50 Bougies, soit par heure	= 0,048
16 —	100 —	—	= 0,075
8 —	200 —	—	= 0,15
6 —	300 —	—	= 0,20
4 —	400 —	—	= 0,30
3 —	500 —	—	= 0,40
2 —	1000 —	—	= 0,60

Comment s'éclairer avec l'Electricité

Il est nécessaire, chers Lecteurs, que je vous cite les principes théoriques de l'éclairage électrique et d'abord :

LES UNITÉS EMPLOYÉES EN ÉCLAIRAGE

La bougie décimale — Quantité de lumière émise par une bougie de parafine pure, ayant 20 $^{m/m}$ de diamètre et 50 $^{m/m}$ de hauteur de flamme.

Lux — Unité d'éclairement — Eclairement reçu normalement par une surface placée à un mètre d'une source lumineuse.

Lumen — Unité de flux — C'est le flux lumineux reçu par une surface de 1 mètre carré ayant un éclairement uniforme de 1 Lux.

Plan Utile — (Très important à considérer pour disposer dans une pièce un éclairage convenable) — En général, le « *plan utile* » est le plan horizontal à 0.75 centimètres du sol (hauteur des tables, bureaux et meubles courants).

Dans certains pays étrangers, on se sert d'une unité d'éclairage appelée *Bougie Hefner*, qui est l'intensité d'éclairage produite par une flamme brûlant librement dans l'air pur, au repos, et s'élevant au-dessus d'une mèche massive, saturée d'acétate d'amyle.

Cette mèche doit remplir entièrement un tube de maillechor ayant 25 $^{m/m}$ de longueur, et mesurant intérieurement 8 $^{m/m}$, puis extérieurement 8,3 $^{m/m}$.

La hauteur de la flamme mesurée depuis le bord du tube jusqu'à sa pointe doit avoir 40 $^{m/m}$.

L'usage de l'appareil ne doit commencer que 10 minutes après l'allumage de la lampe.

Constatez, avec moi, toute la simplicité (! ! !) de cette unité ! ! !...

Elle est cependant importante à connaître, car la majorité des lampes venant d'Allemagne ou de Hollande sont étalonnées suivant cette méthode, mais *marquées en bougies décimales*... (! ! !)

Or, la bougie Hefner (von Hefner Alteneck) ne correspond qu'à 0,86 bougie décimale...

La bougie décimale française vaut donc 1,16 bougie Hefner...

Ceci explique un peu la renommée économique des lampes étrangères (simple truchement comme vous le comprendrez certainement).

Pour évaluer comparativement à un étalon d'éclairage, une source de lumière, on se sert de *Photomètres*.

En voici un très simple à construire.

Prenez une règle plate graduée en centimètres et ayant par exemple un mètre de longueur, placez l'étalon d'éclairage à une extrémité de la lampe comparée à l'autre extrémité — puis déplacez sur cette règle plate une règle carrée présentée verticalement, jusqu'à ce que les ombres produites à gauche et à droite de cette règle soient de même intensité à votre vue en vous plaçant dans l'axe (au milieu) de la règle plate — faites ensuite la proportion et si la règle verticale, dans la position d'équilibre d'ombre, est par exemple à 20 centimètres de l'étalon, la lampe à comparer éclaire 4 fois autant que l'étalon.

En tout autre cas comptez les centimètres à gauche et à droite de la règle verticale et vous aurez de façon très précise le rapport comparatif entre les deux sources.

Un grand nombre de systèmes de Photomètres existent, mais il entre dans ces subtils calculs tant d'éléments fragiles que les résultats sont toujours très approximatifs.

Calculs d'éclairage

Je vous cite ci-dessous, la méthode la plus courante permettant d'évaluer l'éclairage nécessaire...

Ne vous effrayez pas, chers Lecteurs, cette citation est faite à titre documentaire, et certainement dans la majorité des cas, le bon sens économique suffit..... d'ailleurs, un bon électricien ne se trompera pas dans les conseils qu'il vous donnera sur la façon pratique de disposer votre éclairage électrique.

Dans toute installation d'éclairage, il faut déterminer :

1º L'éclairement convenable à donner à la pièce ;

2º L'énergie nécessaire pour obtenir l'éclairement voulu ;

3º La disposition des centres lumineux, leur nombre et leur puissance ;

4º La grandeur et le type des appareils « Holophane » convenables, et leur hauteur au-dessus du sol.

Energie nécessaire :

Le produit de l'éclairement désiré évalué en lux, par la surface à éclairer mesurée en m² donne le nombre de lumens nécessaires pour éclairer ce qui a été désigné sous le nom de plan utile.

Ce nombre de lumens dévisé par l'une des constantes indiquées dans le tableau ci-dessous donnera le nombre de bougies nécessaires pour obtenir l'éclairement demandé. Ces constantes sont fonction de la nature des plafonds et des murs et ont été déterminées expérimentalement.

CONSTANTES D'ÉCLAIREMENT

Plafond	Murs	Constante
Teinte claire	Teinte très claire	5
— claire	— ordinaire	4
— foncée	— foncée	3

TABLEAU des ÉCLAIREMENTS CONVENABLES

	Lux	Bougies
Appartements :		
Salon, salle à manger, chambre.....	25	6.25
Bureau.........................	30	7.5
Toilette, salle de bains............	20	5
Vestibule, chambre de débarras.....	6	1.5
Bureaux d'Administrations, de Banques	50	12.5
Boutiques et Magasins :		
Étalages, Marchandises claires......	80	20
— — moyennes...	160	40
— — sombres. ...	200	50
Intérieur, Marchandises claires.. ..	25	6.25
— — moyennes...	35	8.75
— — sombres....	45	11.25
Cafés..........................	50	12 5
Hôtels, Restaurants :		
Salons, Salles de restaurants, etc....	40	10
Chambres........................	25	6.25
Couloirs........................	6	1.5
Usines :		
Usine n'ayant pas de machines nécessitant un éclairage intensif.......	25	6.25
Usine ayant des machines avec éclairage particulier. Éclairage général.	15	3.75
Éclairage particulier d'une machine.	40	10
Éclairage général sans éclairage particulier.....................	40	10
Imprimerie......................	40	10
Salle de dessin.................	80	20
Atelier de gravure..............	100	25
Atelier de couture :		
Tissus clairs...................	40	10
— sombres.................	80	20
Voies publiques.................	0.5 à 5	

NOTA. — Les éclairements qui sont donnés dans ce tableau sont basés sur des résultats d'expériences et de données pratiques.

Les bougies par m² ont été déterminées pour une constante d'éclairement égale à 4.

En résumé :

On peut pratiquement avec un Kilowatt-heure :

Economiser 4 litres de pétrole.

Eclairer pendant 25 heures :

> sa cuisine,
> sa salle à manger,
> sa cour de 1500 m².

Eclairer pendant 50 heures :

> sa chambre à coucher,
> ses couloirs,
> sa cave,
> sa maréchalerie ou son charronnage,
> son étable à 15 vaches,
> sa bouverie à 20 bœufs,
> son écurie à 16 chevaux,
> sa bergerie à 100 moutons,
> sa porcherie à 30 cochons,
> son grenier à 300 m²,
> sa remise ou sellerie de 60 m²,
> sa beurrerie de 40 m²,
> son chai de 100 m²,

etc..., etc.....

Je ne cite ci-dessus que les types de lampes électriques dont on peut faire usage dans les installations courantes chez soi « dans le Home ».

Ces lampes à incandescence peuvent présenter les formes les plus variées : Flammes, torsades, torches, sphériques, poires, olives, etc., etc..., avec surface extérieure claire, dépolie au sable, ou satinées à l'acide fluoridrique, teintées soit dans la pâte vitreuse composant l'ampoule, soit colorées à l'aide de vernis à base d'alcool et de gomme laque ou encore à base de cellulose et d'acétone, etc., etc.

Avec ces lampes toutes les fantaisies sont permises sans aucun danger d'incendie, si l'installation est bien faite et bien protégée.

Eclairage de rêve parmi les dentelles et les transparents d'une douceur infinie !.. Ces abat-jour véritables œuvres d'artistes, sortis des mains de fées de mes lectrices, ces éclairages mettant en valeur les tableaux de nos Maîtres, ces lampes dissimulées parmi les fleurs et les fruits.....

Et ces illuminations de féeries de nos fêtes... Ces éclairages savants de nos scènes de théâtre, ces couchers de soleil, ces clairs de lune ! et toute la fantasmagorie de nos mises en scène, char-mant nos yeux au même titre que la musique enchante nos oreilles...

Comme nous voici loin de la lampe à huile, à pétrole, à essence, avec leurs inconvénients, leurs odeurs désagréables, leurs fumées, leurs dangers et l'obligation du nettoyage journa-lier... encore plus loin de la chandelle et de ses fidèles compagnes les mouchettes.....

Industriellement on fait usage aussi de lampes électriques d'autres systèmes, mais seulement employées dans des cas bien spéciaux.

Lampes à Arc de moins en moins employées, ces lampes utilisent l'éclairage produit par la combustion du charbon de cornue (résidus du gaz, de houille) obtenue par la très haute température produite par des étincelles entretenues entre deux crayons de ce charbon, au moyen d'un mouvement mécanique ou électro-mécanique ayant pour but de régler l'écartement entre les deux pointes opposées de ces crayons et entre lesquels jaillit la succes-sion ininterrompue d'étincelles et que l'on appelle *Arc*, en raison de la forme que prend cette étincelle entretenue.

On colore parfois l'arc et on en modifie l'aspect au moyen de mèches centrales, disposées dans les crayons, et composées de métaux ou d'oxydes pulvérisés.

La lumière jaune est obtenue par la fluorure de calcium. La lumière rouge par le fluorure de strontium. La lumière blanc-bleu par l'oxyde de calcium et le silicate de potasse, etc., etc...

Ces lampes ont une durée proportionnelle à la longueur des crayons charbonneux employés. Leur consommation varie entre 0,5 et 2 watts par bougie, pour une intensité lumineuse de 400 à

1.200 bougies, ces lampes fonctionnent sous une tension de 35 à 65 volts, ce qui oblige de les mettre en circuit par deux ou trois *en série* sous 110 volts.

Lampes luminescentes. — Qui ne connaît ce jouet électrique comportant des tubes de formes diverses, contenant des gaz raréfiés, rendus luminescents par le passage du courant alternatif, produit par une bobine d'induction (Bobine de Rhumkorff) ? On a dénommé « Lumière Froide » la luminescence ainsi obtenue.

Le jouet s'est agrandi et à reçu des applications industrielles, sous forme de tubes disposés soit en grilles, soit en cadres au plafond des pièces à éclairer, soit encore formant les lettres des enseignes lumineuses intensives, fort employées maintenant.

La coloration est conséquence du gaz raréfié, employé dans les tubes. C'est ainsi que :

Le Néon (composé d'air) donne une lumière jaune or.

L'Argon (composé d'air) donne une lumière jaune rouge.

L'Air donne une lumière rose.

L'Acide carbonique donne une lumière blanche.

L'Azote donne une lumière jaune franc.

La Vapeur de mercure donne une lumière bleu vert.

L'intensité varie de 50 à 200 bougies par mètre courant de tube et la tension nécessaire est très élevée partant de 800 volts pour 5 mètres, pour monter à 12.000 volts à 16 mètres de longueur de tube.

Les lampes à vapeur de mercure (COOPER HEVVITT) est bien spéciale et employée, seulement maintenant, aux applications photogéniques (photographies et reproductions de dessins) et à la stérilisation des eaux.

Sa lumière est totalement dépourvue de rayons rouges, ce qui provoque une décomposition des couleurs complètement dénaturées par cet éclairage. L'émission de rayons « ultra violets » par cette lampe, la rend dangereuse pour notre organisme visuel.

La consommation est d'un demi-watt par bougie.

Lampe à tube de quartz. — Utilisant également la vapeur de mercure à plus haute pression, le quartz devient nécessaire dans cette lampe en raison des températures très élevées (5.000 degrés) obtenues en service.

La luminescence est jaune, l'intensité lumineuse obtenue est de 1.200 à 3.000 bougies sous 120 à 130 volts, avec une consommation de 0,35 watts environ par bougie-heure.

En résumé, même industriellement, depuis qu'il est devenu possible de construire pratiquement des lampes à filaments métalliques *spiralés,* placés dans une atmosphère composée (gaz neutres), les lampes à luminescence ont été abandonnées pour l'éclairage courant, leur usage reste maintenant limité aux applications « de genre », c'est-à-dire : Enseignes lumineuses, éclairages décoratifs, etc...

Voici maintenant, chers Lecteurs, quelques conseils dont la pratique vous évitera bien des déconvenues dans l'usage des lampes à incandescence.

1° Ne faites usage des *Demi-Watt* que pour des intensités lumineuses supérieures à 16 bougies ;

2° Rendez-vous compte au moyen d'un voltmètre de la tension (voltage) moyenne de la distribution et ne *survoltez pas les lampes.*

C'est-à-dire que si les essais au voltmètre vous donnent des tensions différentes, il faut vous baser sur la moyenne des tensions constatées.

EXEMPLE :

Si sur une distribution à *110 volts,* vous trouvez au voltmètre des tensions variant de 105 à 120 volts, faites usage de lampes à 115 volts.

3° N'employez les *Demi-Watt* que dépolies entièrement si elles sont à nu ou demi dépolies (dépolies à la partie inférieure) si elles sont sous un abat-jour.

4° Souvenez vous que les *Demi-Watt* consommant pratiquement : *deux tiers de watt* par bougie heure et sont plus fragiles.

5° Ne nettoyez jamais vos lampes à froid, mais toujours allumées, elles sont moins fragiles lorsqu'elles sont en service.

6° Faites vos commandes *avec précision* en énonçant bien : le voltage, l'intensité, la forme, la nature de l'ampoule et le genre du support (que l'on appelle le « Culot »),

EXEMPLE :

Livrez-moi : 25 lampes à incandescence : *Type* monowatt ou demi-watt. *Tension* 115 volts, 16, 25, 32, 50 ou 100 bougies.

Forme ordinaire ou flamme cylindrique ou sphérique.

Culot bayonnette ordinaire ou petite bayonnette ou à vis grand ou petit modèle.

Genre claires, dépolies ou demi dépolies.

7° *N'exagérez pas l'intensité de votre éclairage*, réglez cette intensité normalement, l'éclairage intense est mauvais pour la vue. Multipliez plutôt les points lumineux dans votre maison, placez-les convenablement là où vous en avez besoin, même dans vos armoires, mais ne cherchez pas à obtenir d'un point unique intense les mêmes services obtenus plus économiquement, plus pratiquement par plusieurs points lumineux judicieusement placés.

Bref, suivez les conseils qui ne manqueront pas de vous être donnés par un électricien *de métier*, ayant la pratique approfondie de ce genre d'éclairage.

LE CHAUFFAGE ÉLECTRIQUE

A la gloire de Mesdemoiselles les Calories

Je vous disais dans un chapitre précédent que nos savants avaient su mettre à profit les aptitudes de ces Demoiselles Calories.

Très intéressées par les multiples usages auxquels elles durent se prêter, leurs bonnes grâces furent bien vite et entièrement acquises au nouveau mode de chauffage.

Le chauffage électrique — chauffage électrique de l'avenir — est actuellement en pleine période de développement, et cependant les applications pratiques possibles dans nos intérieurs, sont déjà nombreuses et variées.

Le principe présidant à la construction des appareils d'électro-chauffage est invariable. Il consiste dans l'emploi de résistances diversement calculées et disposées suivant le résultat à obtenir.

Ces résistances ont une composition métallique assez variée, mais dont la base est presque toujours le maillechor — le nickel — le ferro-nickel ou autres métaux dont la composition savante est telle qu'ils puissent supporter des températures très élevées, sans décomposition ni oxydation sensibles.

Théoriquement — une Calorie correspond à la chaleur nécessaire pour élever, d'un degré centigrade, la température d'un litre d'eau (un kilog. d'eau).

La production d'une Calorie correspond à une dépense de 424 kilogrammètres, c'est-à-dire à la quantité de chaleur résultant du choc produit par un poids de 424 kilogrammes tombant librement d'un mètre de hauteur.

Pratiquement, un kilowatt-heure correspond à la production de 861 Calories.

Les appareils de chauffage électrique en usage se divisent en trois classes :

1º Appareils à *résistance visible* fonctionnant par rayonnement, c'est-à-dire dans lesquels la résistance libre dans l'air, est portée au rouge clair.

2º Appareils dans lesquels la résistance est empâtée de terre réfractaire, vitrite ou autres produits.

3º Appareils de chauffage indirect, c'est-à-dire dans lesquels un liquide (l'eau généralement) sert d'accumulateur et d'agent de transmission calorifique.

Ci-après une série de reproductions d'appareils de chauffage d'un usage très répandu en raison de leur adaptation pratique aux différents usages domestiques de nos intérieurs modernes.

NOTA. — Les appareils figurés ci-après font partie de la collection de la maison LEMERCIER frères, rue Roger-Bacon à Paris. Cette maison française, spécialisée dans l'étude de la construction des appareils d'électro-chauffage depuis plus de dix années, est certainement une des premières dans le classement mondial des Industriels, dont l'intelligente activité a triomphé d'un début hérissé de difficultés techniques et pratiques.

Inutile, n'est-ce pas, chers Lecteurs, de préciser davantage, car vous avez certainement pensé, comme moi, que ces Messieurs sont du dernier bien avec ces Demoiselles les Calories... Heureux Messieurs ! ! !...

...Tous mes compliments et mes remerciements aussi pour l'aimable possibilité dans laquelle je suis, grâce à vous, de pouvoir renseigner mes Lecteurs assidus.

ELECTRO-CHAUFFAGE, CHAUFFAGE DE L'AVENIR

Certes et de l'avenir très prochain, car l'extension immédiate de ce procédé, le plus pratique qui puisse exister, ne dépend, en effet, que du prix de l'énergie électrique, et de l'organisation d'une distribution permettant aux consommateurs l'utilisation du produit des grandes centrales électriques aux heures creuses, c'est-à-dire en dehors des moments d'utilisations industrielles intenses pour d'autres usages.

Pendant ces heures creuses l'énergie électrique peut être distribuée à prix très réduit et cependant avec bénéfice pour les Centrales dont les moyens de production sont ainsi utilisés d'une façon plus régulière.

C'est ainsi que nous verrons bientôt nos habitations entièrement électrifiées.....

Chauffage, Ventilation, Cuisine, Eclairage, Force seront autant d'utilisations différentes de l'énergie électrique mises économiquement à notre disposition. Triomphe de la Fée Puissante et souple toujours souriante et attentive dans la réalisation de nos moindres désirs.

APPAREILS DE CHAUFFAGE DIRECT

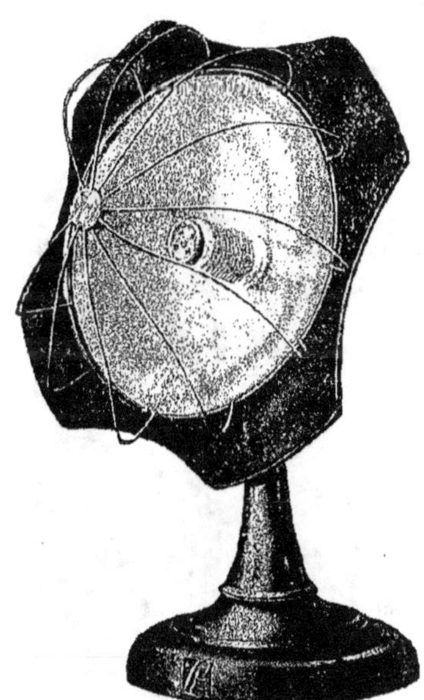

Radiateurs paraboliques

Consommation de 300 à 600 watts-heure, employés comme chauffage complémentaire momentané dans les différentes pièces d'un « Home » (cabinet de toilette, salle de bain, bureau, salon, etc..., etc.

Dans ces appareils la chaleur est projetée par un réflecteur parabolique, dont la partie arrière reste à basse température.

Radiateur Parabolique L. F.

Ecran fer forgé

Ces appareils se prêtent à de multiples dispositions artistiques très décoratives.

Voici entr'autres, un écran en fer forgé portant le radiateur parabolique, et dont la conception ne laisse rien à désirer.

Toutes les fantaisies artistiques stylisées ou abracadamment modernes peuvent donner libre cours dans la composition de cet appareil.

Radiateurs obscurs

Appareils dans lesquels les résistances sont à grande surface et ne sont portées par le passage du courant qu'au rouge très sombre.

Ces appareils peuvent servir au chauffage continu de certaines pièces.

Leur consommation, très variable suivant leur dimension, est généralement de 1.500 à 5.000 wats-heure, et peut être réglée en plusieurs degrés, au moyen d'allumages successifs.

Sur ce principe, un grand nombre de types ont été établis, décoratifs ou industriels.

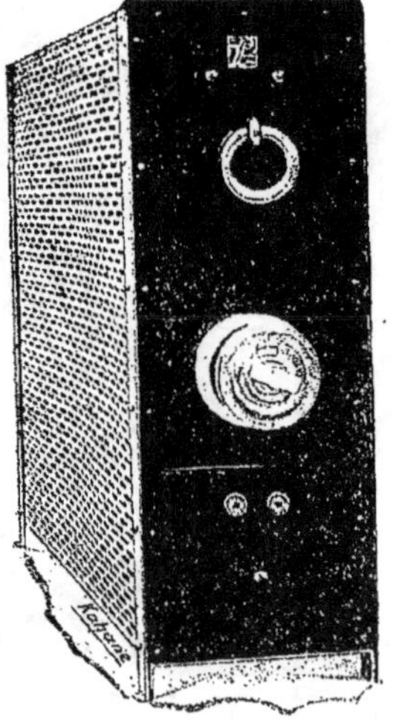

APPAREIL DE CHAUFFAGE INDIRECT
Poêle par accumulation

Dans cet appareil, les résistances sont contenues dans une enveloppe de ciment spécial, accumulant la chaleur qui est ensuite restituée.

La charge calorifique peut être opérée en un délai de 6 à 8 heures, pendant la nuit (tarif réduit) et la restitution, c'est-à-dire le chauffage peut durer pendant toute une journée.

La consommation pour un modèle destiné au chauffage d'une pièce de 50 mètres cubes varie de 1.800 à 3.600 watts, suivant la température désirée au printemps et à l'automne, cette consommation est de 2.400 à 4.200 watts pour le même chauffage pendant un hiver normal.

Cet appareil comporte parfois un four, et fait ainsi penser à ces bons vieux poêles de terre émaillée ou de faïence encore en usage dans certaines régions de France, où on utilise le bois comme moyen de chauffage.

Mais combien sont plus pratiques et plus hygiéniques ces électro-poêles !

Chauffe-Eau à accumulation

Chauffe-Eau à accumulation L.

Appareil composé d'un récipient en tôle galvanisée ou cuivre étamé, enfermé dans une enveloppe calorifique, c'est-à-dire imperméable à la chaleur, contenue elle-même dans une dernière enveloppe métallique pouvant être diversement décorée.

Le récipient contient des éléments chauffants facilement interchangeables, baignant en pleine eau.

Ces appareils sont directement reliés à la distribution d'eau de la ville.

Le courant électrique étant établi, il suffit de tourner le robinet d'arrivée d'eau pour obtenir un débit d'un litre environ par minute à 85 degrés.

On peut munir ces appareils de régulateurs électro-thermiques, dont l'effet est de modérer l'intensité du courant et de le supprimer complètement lorsque la température de l'eau contenue atteint 85 à 90 degrés.

La contenance des types en usage varie de 15 à 30 litres, et la consommation nécessaire pour porter l'eau à 85 degrés varie de 150 à 400 watts-heure.

Chaudière à accumulation de chaleur

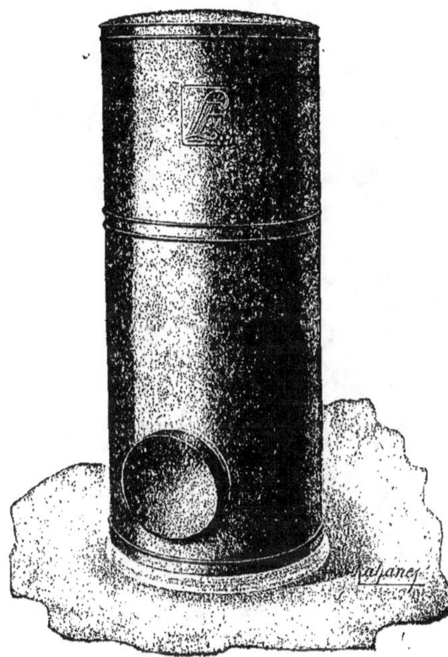

**Chaudière 150 litres
à accumulation de chaleur**

Sur le même principe, voici un type de chaudière de 150 litres de contenance, pouvant alimenter toute une distribution d'eau chaude (salle de bains, cabinets de toilette, poste d'eau, etc...)

Placés directement sur la conduite de distribution de la ville, cet appareil muni d'un régulateur thermique, n'absorbe de courant après chauffage initial que proportionnellement à l'eau débitée à une température variant de 40 à 85 degrés, suivant l'intensité de ce débit d'eau.

Le chauffage initial absorbe environ 1.800 à 2.000 watts. La déperdition au repos est à peu près nulle, en raison du calorifique efficace dont est composée l'enveloppe extérieure de cette chaudière.

N'est-ce pas merveilleux ? pas de feu, pas de réglage, l'eau chaude à tout moment, même après une longue absence ! ! !.....

Chauffe-Bain instantané

Sur le même principe encore, voici un chauffe-bain instantané !... Etablissez le courant, puis ouvrez le robinet, vous pouvez sans chauffage préalable, obtenir les débits suivants, avec une consommation de 11 kilowatts-heure.

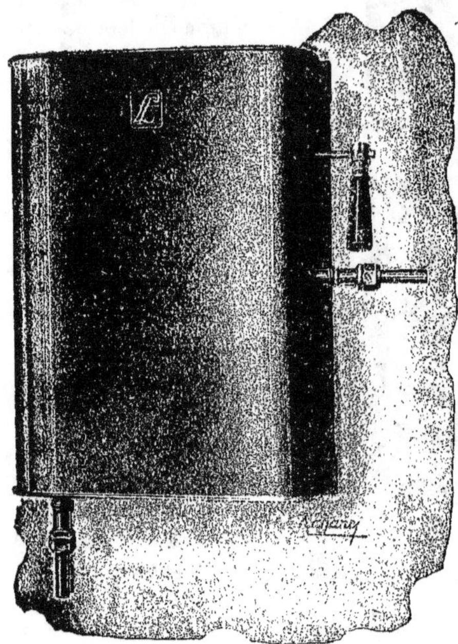

Chauffe-Bain instantané

Litres par minute	Température immédiate en degrés centigrades
9,10	25
8,50	30
7,75	35
6,02	40
5,15	45
4,40	50
3,85	55
3,10	60

Un bain nécessite environ 100 à 125 litres d'eau à la température de 26 degrés centigrades, en moyenne.

Donc, un bain en 15 à 20 minutes avec une consommation de 1.300 watts-heure !... sans préparation autre que de tourner un interrupteur et un robinet ! ! !...

Chauffe-Eau courante

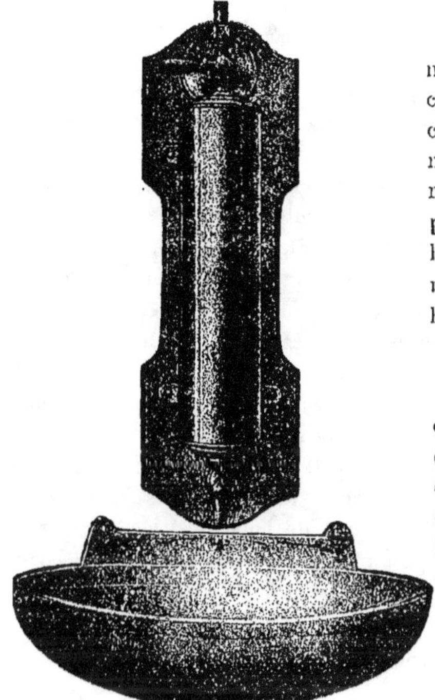

Chauffe-Eau courante

Voici toujours sur le même principe, un petit chauffe-eau, qui sans chauffage préalable permet d'obtenir instantanément, un débit correspondant à 45 litres par heure, avec une consommation de 100 watts-heure.

Exemple :

Mettez le courant, ouvrez le robinet (les deux opérations se font ensemble par l'action d'une seule manette) et immédiatement l'eau coule à 40 degrés !

Coule : 5 minutes, débite environ 3 litres 1/2 consomme environ 85 watts.

COMPARAISON

Pour le même résultat au gaz de houille

Instructions. — Prenez un récipient allant au feu et d'une contenance de 4 litres environ. Remplissez-le d'eau aux trois quarts, en ouvrant et fermant le robinet d'un poste d'eau voisin de quelques mètres, et placez ce récipient près de votre réchaud à gaz.

Cherchez ensuite une allumette, faites votre possible pour emflammer cette dernière en suivant scrupuleusement les instructions indiquées sur la boîte. Si vous réussissez, allumez votre réchaud, après avoir naturellement :

1° Ouvert le robinet du compteur ;

2° Ouvert aussi le robinet d'un réchaud

et sans vous brûler les doigts pendant cette opération préalable, placez alors sur la flamme plus ou moins bleue le récipient contenant l'aqua-simplex dont vous désirez voir la température s'élever à environ 40 degrés.

Ayez soin que nul courant d'air ne vienne contrarier votre expérience, et aussi que nul objet inflammable ne se trouve à proximité de votre appareil expérimental.

Attente 6 minutes environ, sans trop vous éloigner, puis quand vous constaterez à la surface du liquide un léger frémissement, arrêtez l'expérience et le feu (fermez alors : 1° le robinet du réchaud ; 2° le robinet du compteur).

Calculez ensuite... en estimant à votre gré, le petit quart d'heure de votre temps ainsi passé, jugez ensuite.....

Je pourrais vous indiquer des méthodes un peu différentes pour répéter l'expérience comparative à l'aide d'autres moyens de chauffage, pétrole, alcool, charbon de bois, etc., etc..., mais ce serait un peu long... J'ai préféré choisir le *gaz d'éclairage*, beaucoup plus rapide et plus simple.

Armoire chauffante

Se construit en cuivre nickelé ou oxydé, ou encore en tôle émaillée. Dans cet appareil dont des modèles de grandeurs différentes existent, des résistances chauffent l'air qui, contenu dans une double enveloppe, crée et entretient à l'intérieur de cette étuve une température ne dépassant pas 50 degrés, température sans danger.

Cette électro-étuve peut recevoir des destinations multiples :

Chauffe linge ;

Chauffe plats ou chauffe assiettes ;

Petite étuve à bois, etc., etc.....

Sa consommation est de : 100 watts par heure de service.

Chauffe-Linge L. F.

PETITS APPAREILS DE CHAUFFAGE

Chaufferette d'appartement

S'adresse aux personnes qui ont froid aux pieds en toute saison.
Consomme 55 watts par heure pour une bonne chaleur douce
dont l'effet est de ramener le sourire, conséquence d'un bien-être
apprécié.

Chaufferette d'Appartement L. F.

Peut se faire en toute forme et emprunter les lignes de tous les styles.

Chaufferette d'auto

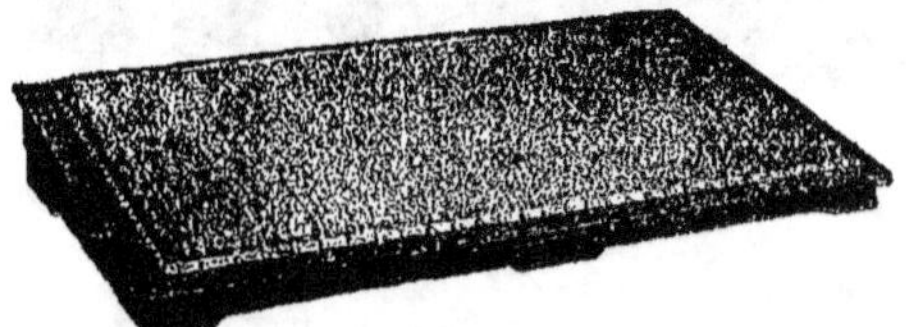

Chaufferette d'Auto L, F,

Même consommation, et est, dit-on, fort appréciée en hiver, au cours de randonnées sur des routes totalement désertées par Mesdemoiselles les Calories. Se construit pour fonctionner avec le courant de la dynamo d'éclairage de la voiture (6 ou 12 volts).

Chancelière

Variante des chaufferettes ci-dessus. Même consommation.
J'ai idée que cette pochette doit être très appréciée par la gent

à quatre pattes : petits carlins exotiques ou mignons petits chats (griffiers, en argot de la commune libre de Montmartre).

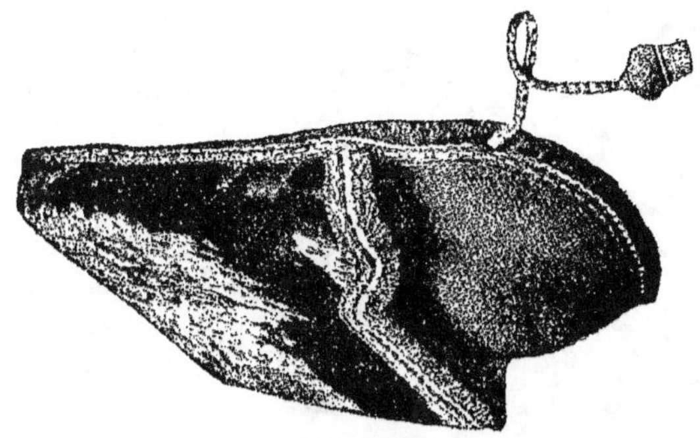

Chancelière

Chauffe-Lit

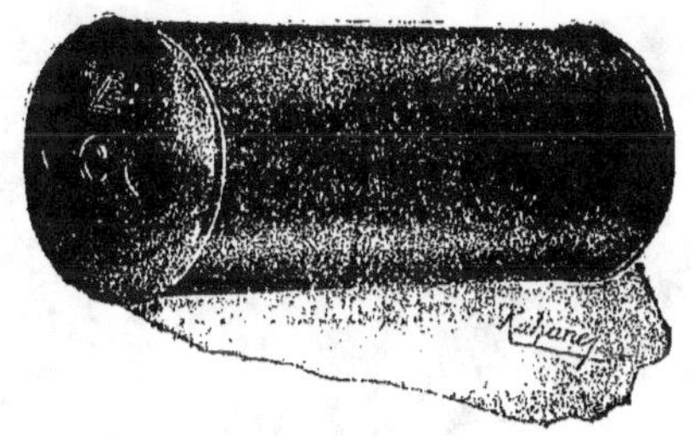

Chauffe-Lit par accumulation

1° *A accumulation :*

Se met en charge calorifique pendant 10 à 12 minutes sur le courant, en consommant 250 watts-heure et conserve sa chaleur pendant 6 à 7 heures.

2° *Direct :*

Se met dans un lit en restant alimenté par un cordon souple, mais est muni d'un régulateur thermique évitant tout danger de surchauffage. Consomme 25 watts-heure.

Thermoplasme

Thermoplasme L. F.

Se fait en zénanah ou en flanelle et est un remède souverain dans bien des cas.

Reste alimenté par un cordon souple et est muni d'un régulateur thermique évitant tout danger de surchauffage.

Coussin chauffant

F' Article délicat et doux comme une caresse..... Enormément d'usages. Consomme : 40 watts-heure.

Toutes formes, tous genres, toutes couleurs, tous styles, très très apprécié...

Hé, hé, Messieurs les Constructeurs, que oui, que oui ! ! !..... vous êtes du dernier bien avec les Demoiselles Calories ! !.....

Brûle-parfums

Simple indication signifiant que tout ce qui est orfèvrerie chauffe, réchauffe ou maintient chaud. Existe en électro-chauffage, cafetières, théières et samowars, chocolatières, grille toast (pain doré au grill), cuiseurs d'œufs à la coque, etc...

Consommations de 25 à 50 watts.

Tout ce que peut rêver une aimable maîtresse de maison, comme styles et genres.

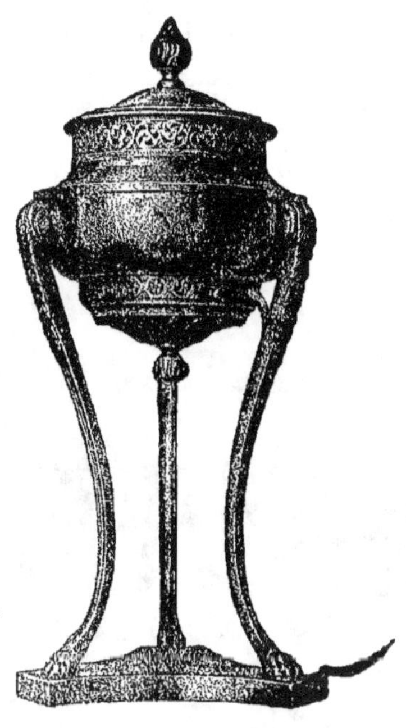

Gants d'auto ou d'avion

Fourrés chauffants, s'adaptent aux vêtements à l'aide d'une attache (bretelle) très ingénieuse.

Consommation 25 watts, s'alimentent à l'aide de la dynamo d'éclairage (6 ou 12 volts).

Tous les genres : en peau, en laine, etc..., etc...

LA CUISINE ELECTRIQUÉ

Tout existe en cuisine électrique, depuis le fourneau complet avec cuiseurs intensifs ou doux, fours et tous les accessoires utiles en pareille circonstance.

Puis, toute la gamme des marmites simples et norvégiennes, faitout, etc., etc...

Ci-dessous quelques types.....

Bouilloires démontables

Capacités diverses.

Consommation de 200 à 500 watts.

Série de Bouilloires **L. F.** cuivre nickelé

Bouilloire Marabout

Type d'une litre et demi.

Consommation : 400 watts-heure.

Réchauds cuiseurs

Permettant le même usage que celui obtenu par les réchauds à gaz.

Toutes les tailles, tous les modèles.

Consommation de 300 à 1.500 watts.

Chauffe Plats

Modèles simples et de luxe.

Consommation de 150 à 400 watts.

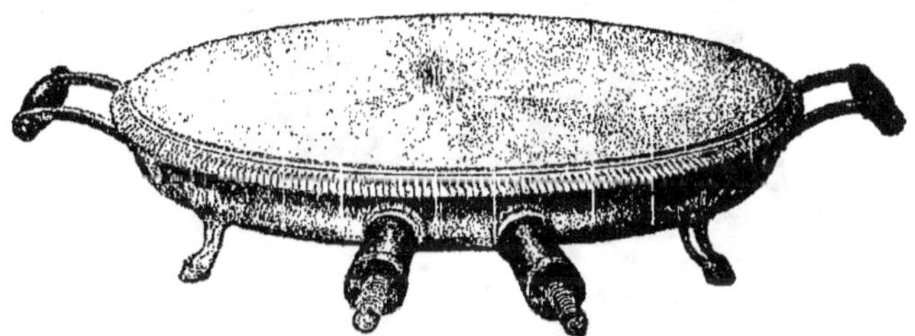

Chauffe-Plat L. F.

Chauffe-Plat L. F.

DIVERS APPAREILS DE MENAGE

Toute la gamme des fers à repasser, de poids variant de : 1 k. 500 à 2 kilogs, avec des consommations variant de : 275 à 300 watts.

Est-il rien de comparable à l'usage de l'Electrofer à repasser dans le ménage ; propreté, hygiène, rapidité...

Quelle différence avec l'usage des fers chauffés au moyen de réchauds à gaz ou à charbon de bois !.....

Fer L. F. N° 1

Fer L. F. N° 2

Fer L. F. Nᵒ 3

Chauffe-Colle L. F

Voici un **Pot à colle** avec bain-marie à trois allures de chauffage, consommant 500, 250 et 150 watts.

Un **Chauffe Cire** consommant 75 watts.

Chauffe-Cire L. F.

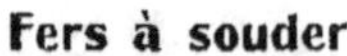

Fers à souder

L'un (grand modèle) consommant 400 watts et permettant tous les travaux accomplis jusqu'ici avec un fer à souder ordinaire de 1 kilogramme, chauffé au réchaud à charbon de bois.

L'autre petit modèle (450 grammes), consommant 125 watts.

———

Bien entendu, beaucoup d'autres modèles d'appareils d'électro-chauffage existent :

Fers à friser, à onduler, cuiseurs d'œufs à la coque, petits chauffe eau, petites étuves, couveuses, cafetières, théières, grils, etc., etc...

N'avais-je pas raison de vous écrire que ces Demoiselles CALORIES étaient devenues les meilleures auxiliaires de la Fée... Grâce aux bons conseils de nos Ingénieurs distingués.

* * *

Au point de vue industriel, comme au point de vue hôtelier et domestique, le chauffage électrique présente un intérêt dont l'importance ne vous échappera certainement pas, d'ailleurs nombre d'applications existent déjà dans lesquelles l'électricité est seule mise à contribution ; pour la production de chaleur employée normalement et de la même façon que le seraient les CALORIES émises par la combustion, soit du bois ou de la houille, soit du gaz riche (gaz d'éclairage) ou du gaz pauvre (gaz de coke ou de bois), etc., etc...

Comme dans l'éclairage électrique, l'Electro-Chauffage est d'une souplesse extrême, inconnue totalement dans l'usage des combustibles liquides ou solides.

Ses températures les plus variées, des plus faibles aux plus élevées, sont obtenues simplement, progressivement et avec une consommation toujours scrupuleusement proportionnelle aux Calories émises, et ce qui paraît invraisemblable avec des risques d'incendie diminués de 90 0/0 par rapport aux risques encourus par l'usage d'autres procédés.

Et que de temps de gagné !... Sans poussière, sans odeurs, sans production de gaz délétères !...

N'est-ce pas merveilleux ?... et cependant, Chers Lecteurs, nous ne sommes qu'aux débuts des applications pratiques de l'Electro-Chauffage ! ! !...

LE TRIOMPHE DU SËIGNEUR AIMANT
et de son fils l'ELECTRO-AIMANT

LE MOTEUR ÉLECTRIQUE

Après les louanges de Mesdemoiselles CALORIES,
Après l'hymne aux vertus de la Fée,
Voici le triomphe, le couronnement de l'œuvre :

LE MOTEUR ÉLECTRIQUE ! ! !

Gloire ! au Seigneur Aimant !...
Gloire ! à son fils l'Electro-Aimant !
Honneur aux Watts ! dont les innombrables légions, se pressent, se succèdent sans trève dans cette marche triomphale de l'ELECTRO-MOTEUR !.....

Le moteur électrique a bouleversé, transformé, organisé toute la vie humaine.

Il est universel, magique ! miraculeux !...

Le moteur électrique, sobre, souple, puissant, régulier, fait tout, permet tout.....

Il exécute notre travail, de quelque genre qu'il soit, sagement, économiquement.....

Seul, parmi toutes les sources de Force, parmi les dispensateurs de puissance, il ne consomme d'énergie que proportionnellement au travail accompli.....

Le moteur électrique est la merveille parmi les merveilles.....

Permettez, Chers Lecteurs, que je vous communique ci-après, un document étrange, retrouvé il y a quelque temps déjà, au fond d'une Electro-Bibliothèque amie !.....

De qui ? est cette fable dialoguée, qui met en valeur toutes les qualités, toute l'autorité triomphante du *moteur électrique* ?.....
Il me serait assez difficile de vous citer cet auteur qui se réclame du bon Lafontaine.....

D'ailleurs, voici ce document......

ILLUSTRATIONS DE D.-A. LIOT

SITE

Dans la cour toute frémissante d'une de nos belles fermes d'Ile-de-France.

Une mare clapotante de cygnes et de canards...
Un pigeonnier, ancien, tout roucoulant...
Au loin, perçant les grands arbres, la flèche aiguë du clocher prochain...
.....Parmi les rayons de pourpre du soleil couchant...
Près du puits, un moteur électrique, actionne en ronronnant, une pompe tranquille.....

DIALOGUE.....

Je me sens fatigué, épuisé.

LETURC (*valet de la ferme*). — Enfin..... pas trop tôt..... Vive le repos... Après la soupe !.....

Bien que d'une force herculéenne et proverbiale, je me sens fatigué... Epuisé..... Allez les animaux..... Allez, brutes impulsives ou lentes... Allez dormir ou ruminer.....

La force dont je dispose a eu raison de vous, aujourd'hui encore...

LE CHEVAL (*au Bœuf.*) – Dis donc, mon vieux beau Bœuf, tu l'entends ?..... Lui, Leturc ! Fort !... Il veut nous en compter !.....

La force, c'est moi... Regarde moi !... Suis-je assez bien bâti, musclé ! ! !.....

Quand mon jarret se tend, il faut que tout me cède !....

Tu l'entends? Lui! Leturc! Fort!...

LE BŒUF. — Ou se brise !...
Car tu es fort, c'est vrai, Mon Cher, mais tu es vite à bout de ton effort que tu ne donne que par à-coups... sous le fouet.

Moi, qui suis plus fort que toi..... je ne fais pas tant d'histoires, ni de manières..... un ordre, un cri ! et je démarre doucement, sagement, sans rien casser !.....

Certes, je ne vais pas vite... mais je vais longtemps, ma Force est régulière... Ne dit-on pas d'ailleurs : *C'est un bœuf à l'ouvrage !*.....

LE CHEVAL. — Quelle exagération ! quelle prétention, toi plus fort que moi ! ! !

Apprends au moins l'histoire avant de discuter !.....

Ne suis-je pas l'expression même de la force, de la puissance !... on ne dit pas je pense : « *bœuf-vapeur* ».... Mais bien « *cheval-vapeur* »... « *horse-power* » en anglais !.....

Leturc... C'est à mourir de rire.

LETURC. — C'est à mourir de rire ! ! ! Le Cheval, le Bœuf ! oser se comparer à moi... Non vraiment, c'est trop comique ! ! !

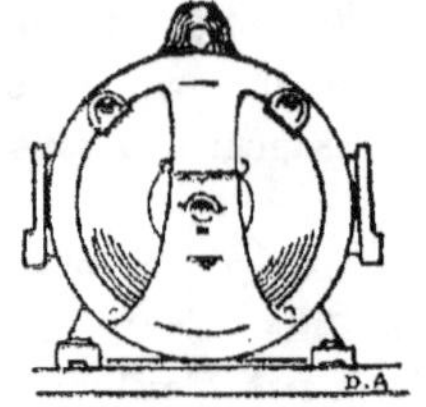

LE MOTEUR..... rroorroorroorro, moi qui tourne et retourne tellement, je pourrais, si je voulais, Leturc, Cheval et Bœuf, vous mettre bien d'accord, car moi, je sais l'histoire... rroorroorro rroorroorroo...

LETURC, LE CHEVAL, LE BŒUF (avec ensemble)... Quel est ce pigmée ronronnant ? ? ?.....

Quelle est cette ferraille ? ? ?.....

LE BŒUF. — Il ne sait que tourner !..... et veut nous épater ! ! ! quel toupet... Bout d'fonte ! paquet de ficelle ! ! !...

LE CHEVAL. — Ta chair de fer n'est bonne qu'à garnir nos sabots !

LETURC (seul), et le dessous de mes bottes !

LE MOTEUR... rroorroorroorroorroo ! Tout beau mes bons amis !... écoutez-moi plutôt..... si je veux m'en donner la peine... vous apprendrez bien des choses... rrorrorrorrorre !.....

LETURC. — Allons, bêtes à manger du foin !... Silence !... écoutons-le pour rire un peu ! avant d'aller dormir !...

LETURC (*au Moteur*). — Vas-y, petite roulette... Tâche de nous convertir ou sinon... Il pourrait t'en cuire... Car nous sommes trois très forts.....

LE MOTEUR (haussant les coussinets), *à la Pompe.* — Permets, ma chère Amie, que je m'arrête un peu... écoute aussi...

LA POMPE *(versant des larmes).* — Cher ami de mon cœur ! pourquoi nous arrêter... moi qui marchais si bien !...

LE MOTEUR. — Hé bien ! voici : *(au cheval)...* Tu te dis « Cheval-vapeur », connais-tu ton parrain ?...

LE CHEVAL. — ?????.....

LE MOTEUR. — Ton parrain est illustre, mon cher ! il se nomme *James Watt,* Écossais, réfléchi et ingénieux.....

Tout jeune il manœuvrait, de ses mains, les robinets de vapeur d'une pompe d'épuisement, dans une mine. Lorsqu'il eut l'idée d'attacher des cordes : d'un bout aux poignées des robinets ; l'autre bout de ces cordes étant fixé au balancier de la machine... de telle façon, qu'après quelques essais... la machine marchait seule !... et James put, avec le sourire, faire avec ses copains, parties de billes sur parties de saute mouton ! ! !.....

...De cordes en billes ! comme il était intelligent et travailleur, il devint, en grandissant, un mécanicien fameux et mit sur pied la première machine à vapeur pratique, car c'est lui, aussi, qui trouva le moyen de faire « Tourner » un lourd volant, en mettant à profit le seul mouvement de va et vient d'un *Piston* dans un tube (Cylindre) avec l'action de la vapeur sous pression...

LE CHEVAL. — Quel rapport ton cylindre, ton piston et ton volant peuvent-ils avoir avec moi ! je ne comprends pas !...

LE BŒUF *(au Cheval)*. — Ne piaffes donc pas ainsi !... laisse-le dire...

LE MOTEUR. — Devenu constructeur - mécanicien, James ayant inventé la célèbre machine à vapeur, encore dénommée : *Machine Watt,* songeait à tirer profit de son invention ; pour cela il lui fallait classer ses machines et les vendre suivant leur force... trouver une mesure...,

Et comme à cette époque, les Pompes se manœuvraient au moyen de chevaux attelés à un manège, il eut l'idée de

Il y a ou des Cors... le Cheval, chair et os
et le Cheval vapeur.

comparer le travail *d'un cheval au manège* avec le travail de ses machines...

Il voulait pouvoir dire : cette machine *fait avec la vapeur* le même travail pendant une heure que : deux, trois, quatre *chevaux au manège.*

Il eut dès lors, deux sortes de chevaux :

Le cheval... *chair et os* et le *Cheval-vapeur.....*

Comprends-tu, maintenant, mon vieux Canasson ! ! !

Canasson !... Il a dit Canasson !!!

LE CHEVAL. — Canasson ! il a dit Canasson ! ! ! Je vais.....

LE BŒUF. — Calme-toi fier coursier ! excuse cet écart... tu en fais bien d'autres écarts... sur la route..... oui, au clair de lune ! ! !..... tu as peur de ton ombre.....

LETURC. — Quel esprit, pour un bœuf, peste ! ! !... Mais moi qui réfléchis mieux que vous, je ne vois pas la mesure ! Dis donc, Rouletoujours ! explique, si tu peux, comment ton James Watt pouvait trouver la force comparée du Cheval et de sa Machine ? ? ?

LE MOTEUR. — Hé bien ! voici :

J'ai dit, que Cheval et Machine, actionnaient des pompes ; il était donc bien facile de mesurer la quantité d'eau pompée par l'un et par l'autre et de comparer ensuite... Supposez que le *cheval au manège* ait monté en une minute 4.560 litres d'eau à 1 mètre, et la Machine à vapeur 3 fois plus pendant le même temps.

La Machine avait la même force que trois *chevaux au manège,* c'est simple !...

Et James Watt disait à ses clients : cette Machine *à vapeur* a la force de trois chevaux, trois *chevaux-vapeur.*

...Vous avez saisi ? ? ?...

Hé ! hé ! ... J'ai compris

LE BŒUF. — Hé ! hé ! ! !... Le petit... le ronron ! il s'explique vraiment bien ! j'ai compris.

LE CHEVAL. — Moi, je ne puis admettre qu'une machine difforme, tout en fer, fasse trois fois ma force... à moins d'être énorme, monstrueuse... je suis tellement fort !...

LETURC (*au Cheval*). — Tu ne vas pas recommencer ! ! !..... Hein ! laisse-moi faire, je vais l'asseoir, le petit ronron !...

(*Au Moteur*). — Je commence à comprendre... Mais dis-moi... ce système de mesurer l'eau pompée, c'était juste... à peu près, et ton James Watt pour peu qu'il soit malin, devait réaliser des bénéfices extravagants ! ! !

LE MOTEUR. — J'attendais ta critique, mon cher Leturc, mais voici la réponse.

Comme les machines Watt pouvaient faire bien autres choses que de monter de l'eau, mon James, comme tu dis, eut vite fait de trouver une mesure plus exacte. Suivez bien le raisonnement !

Ayant déterminé scrupuleusement que le débit de la pompe actionnée par un cheval solide correspondait à 76 litres par seconde pour un mètre d'élévation, et comme un litre pèse : un kilog, la déduction fut simple.

La force d'un cheval correspondait à l'effort nécessaire pour soulever *à un mètre, en une seconde,* un poids de : *76 kilogrammes.*

Autant de 76 kilogs une machine à vapeur soulevait à un mètre, en une seconde, à autant de chevaux, chair et os, elle correspondait... Cette mesure prit en Angleterre le titre cité, tout à l'heure : *Horse-Power* (cheval-puissance, force d'un cheval).

EN FRANCE, on réduisit le poids à 75 kilogs, en raison du système décimal probablement, et l'unité appelée *cheval-vapeur* correspondit alors à *75 kilogrammes* soulevés à *un mètre* en *une seconde...*

Pour simplifier, on fit un mot nouveau qui est kilogrammètre. Un cheval vapeur est donc l'équivalent de *75 kilogrammètres-seconde...*

LETURC — Bigre ! soulever comme ça : 75 kilogs à un mètre toutes les secondes... C'est dur ! ! !..... mais je pourrais... .

Le Moteur.. Non... mon cher !.. ne pourrais pas

LE MOTEUR. — ...Non mon cher ! tu ne pourrais pas !.....

LE BŒUF. — Tout ça, c'est des histoires inventées par toi, petit Roublard !..... Tu veux faire le malin !

LE CHEVAL. — C'est certain ! tu veux nous embobiner, comme tu l'es toi-même..... paquet de bouts de cordes ! ! !.....

LE MOTEUR. — Vous croyez ? hé bien, écoutez : Voici comment j'ai su tout ça !

Avant de venir ici, je suis resté longtemps dans un laboratoire où j'étais précisément employé à des essais, dont j'ai gardé le souvenir, car mon Maître était si bon ! si doux, si intelligent...

LETURC. — Où çà ton laboratoire ?

LE MOTEUR. — C'était à un bout de Paris (avec un soupir), que de belles Pompes il y avait là où j'étais !... On appelait la Maison *Station d'Essais des Machines Agricoles*... Je pourrais bien vous dire le résultat de toutes les expériences que j'ai vues et de tous les essais que l'on m'imposa... mais...

LETURC. — Mais quoi ?...

LE MOTEUR. — ...C'est que ces résultats sont bien pour vous contrarier, car ils me donnent une telle supériorité sur vous trois, que vous allez encore me couvrir de sottises...

LA POMPE. — Cher Ami, ne t'expose pas ! crois-moi, laisse là cette discussion... Remettons - nous plutôt en marche..... Nous nous entendons si bien, nous deux !

LE MOTEUR — Non, non ma Mie, un peu de patience, j'aurai bientôt fini..... Je me dois à la science et certain de ma victoire, je suis au-dessus des appréciations ignorantes de ces Messieurs.

Où ça ton laboratoire ?

LETURC, LE CHEVAL, LE BŒUF. — Le Sacripan !...

il nous brave... va donc... tourne à gauche !... Cage à écureuil !
Ramassis de ferraille ! ! !

LE MOTEUR (*souriant et calme*). — C'est tout ce que vous
trouvez à me dire, c'est maigre, pour vous qui êtes si beaux tous
trois ! ! ! et si malins ! ! !...

Mais il faut en finir, et comme j'ai bonne mémoire, je vais vous
répéter fidèlement ce que j'ai retenu.

Dis donc... Poussière de métal.

Les essais auxquels j'ai collaboré furent faits par mon Maître, M. RINGELMANN, ingénieur, Directeur de la Station d'essais de Machines Agricoles,..... Permettez que je lui adresse mes remerciements, j'ai tant appris de lui !...

Les essais comparatifs de force, de résistance au travail, de durée et de consommation, furent faits précisément :

1° *Sur un cheval,* superbe percheron tel que *Roumain,* bien
connu dans la région de Senlis...

2° *Sur un bœuf.* — Oh ! le beau Nivernais ! ! !... quelle belle
robe couleur crème il avait... on l'appelait : *Naïf*... à cause de
ses beaux yeux...

3° *Sur un homme.....*

LETURC. — Dis donc... Poussière de métal, tu ne pourrais
pas me mettre en premier ?... Je ne suis pas une bête !... et
l'homme passe avant...

LE MOTEUR. — Excuse, Mon Cher, oui je sais que l'Homme

comme toi... pas savant... ne sait pas grand'chose, je m'en aperçois ! ! !... mais pour simplifier je vous mets de suite dans l'ordre du palmarès !...

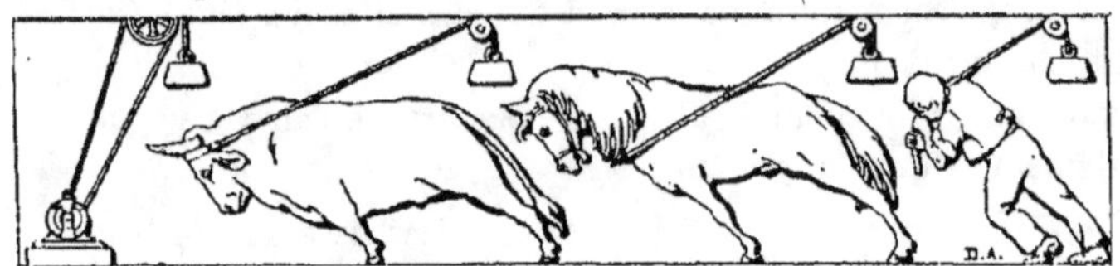

L'ordre du Palmarès

LETURC, LE CHEVAL, LE BŒUF. — ? ? ? ! ! !.....

LE MOTEUR. — Cet homme superbe, mais un peu trop... gros et grand, à mon avis, était né à Montmartre et s'appelait : LEFORT Alphonse.

De sa profession, il travaillait dans les foires à la lutte, aux poids... Ça, il était épatant.....

LETURC. — Lefort... Lefort ?... mais oui, je l'ai connu, même un jour à Neuilly, je l'ai retourné ! Ah, la belle lutte ! oui, certes, il était costeau !...

Je l'ai retourné.

LE MOTEUR. — ...Tu te vantes... mes compliments, mais il se fait tard.

Aux essais, je passai le premier ; voici mes résultats :

UN MOTEUR ÉLECTRIQUE DE UN CHEVAL (1 HP)

Poids. — 45 à 50 kilogrammes.

Vitesse. — Ce qu'on veut.

Effort momentané. — 120 à 130 kilogrammes.

Effort normal. — 75 kilogrammètres par seconde.

Durée possible de l'effort normal sur 24 heures. — 24 heures, car je puis sans fatigue, travailler jour et nuit.

Durée de ma vie de travail. — 20 à 25 ans.

Consommation. — 900 watts (en comptant largement) pendant une heure, et quelques gouttes d'huile.

Risques. — Aucun si mon installation est bien comprise et bien exécutée.

Entretien. — A peu près nul.

UN BŒUF, bien portant, bien nourri, bien soigné

Poids. — 6 à 800 kilogrammes.

Vitesse. — 0,50 à 0,60 par seconde.

Effort momentané. — 160 à 200 kilogrammes.

Effort normal. — 60 à 80 kilogrammètres-seconde.

Durée possible de l'effort sans repos. — 6 à 10 minutes.

Durée réelle de l'effort sur 24 heures. — 5 à 6 heures.

Durée de sa vie de travail. — 5 à 7 ans.

Consommation par 24 heures. — 70 kilogrammes de nourriture (pulpes de betteraves, paille, fourrages divers) et 40 litres d'eau, ferrage, etc.

Entretien. — Une heure et demie d'homme par 24 heures.

Risques. — Maladies, blessures, accidents, conséquences de caractère, etc., etc., etc...

UN CHEVAL, Percheron, bien nourri, bien soigné

Poids. — 450 à 700 kilogrammes.

Vitesse. — 0,60 à 0,70 par seconde.

Effort momentané. — 60 à 80 kilogrammes.

Effort normal. — 50 à 70 kilogrammètres par seconde.

Durée possible de l'effort normal sans repos. — 5 à 10 minutes.

Durée possible de l'effort normal sur 24 heures. — 5 à 6 heures.

Durée de la vie de travail. — 5 à 8 ans.

Consommation. — 18 à 20 kilogrammes de nourriture (avoine, foin, paille et divers), 15 litres d'eau, ferrage, etc., etc.

Entretien. — 2 heures d'homme environ par 24 heures.

Risques. — Maladie, accidents, conséquences du caractère, etc.

UN HOMME, adulte, bien portant et entraîné

Poids. — 65 à 85 kilogrammes.

Vitesse. — Au pas 0,60 à 0,70 par seconde.

Effort momentané. — 15 à 20 kilogrammes.

Effort normal. — 7 à 10 kilogrammes par seconde.

Durée de l'effort normal sans repos. — 5 à 10 minutes.

Durée réelle de l'effort normal sur 24 heures. — 5 heures environ.

Consommation, entretien. — Ses salaires, assurances, retraites, etc., etc...

Risques. — Maladies, accidents, conséquences du caractère ; influences matrimoniales et autres.

LETURC. — Dis donc Roulebichon ! donne-moi un peu son adresse à ton directeur ?... tu verras, si je lui en distribuerai des kilogrammètres, c'est-à-dire que je lui en mettrai des kilogs... dessus, dessous, devant et derrière... en le priant de les compter pendant seulement 10 petites minutes... Y en aura plus de 15, c'est sûr ! ! !

7

LE MOTEUR. — Dieu que tu es béte dans ton genre ! tu ne comprends pas que malgré tous les essais, il y a des phénomènes ! et que tu en es un de toute première classe !... Voyons mon gros, puisque tu as roulé Lefort Alphonse !

LETURC. — Ça va, mais il était temps, tu sais Marmaillon ronchonnant !

(Aux autres). — Je vous le disais bien que j'étais le plus fort !

LE BŒUF (au Cheval). — Tu vois mon vieux, voilà les hommes, ça vous en a une prétention ! ! !

LA POMPE. — Vrai, je pleure de rire !... Petit moteur, as-tu bientôt fini tous tes discours... dépêche, car je sens que je me désamorce !...

LE MOTEUR. — Vraiment, chère Amie !... Que veux-tu, tu es un peu vieillotte. Cependant, j'ai mené maintes pompes qui ne se désamorçaient pas, je te prie de le croire ! ! !...

LA POMPE (tout en larmes). — Méchant ! méchant !... que je suis malheureuse !...

LE MOTEUR. — Ne te fâche pas, ma chère Pompe ! tu sais bien que la courroie qui nous lie est solide... encore un peu de patience, je te prie, et je suis à toi.

Le Moteur. — Je sais me défendre

(Doctoral). — Excusez, Messieurs, je termine...
De sorte qu'en résumant les essais dont je viens de vous donner

les résultats et en les comparant, on peut conclure comme ci-
après... Mais, je vous en prie, mes bons amis, restez calmes !...
Car je ne suis pas cause, moi-même de ma supériorité sur vous...

LETURC. — C'est bon... C'est bon, vas-y toujours, nous
verrons ça après !...

LE MOTEUR. — Et puis, après tout, ça m'est égal, mais je
je vous préviens que je sais aussi me défendre !... donc quelles
que soient les suites de ma franchise, voici :

MOI je puis travailler à pleine force, et sans arrêt pendant
24 heures. Bien entendu, moi je ne m'emballe pas comme vous
trois... Vous êtes très forts tous les trois, je le reconnais, mais seulement pour donner un effort, que vous êtes incapables de maintenir plus de quelques minutes. Moi au contraire, je me donne tout entier, sans exagération dès le début de mon travail et je conserve ma force jusqu'à la fin, régulièrement, sans à-coups.

Mieux encore, si dans le cours de mon travail ma force est trop grande, je me règle moi-même, *et je ne consomme de nourriture qu'à proportion du travail exécuté.*

LETURC. — Ta nourri-
ture ? que nous racontes-tu
là ! ! !... ne commence pas à
exagérer, car tu sais Bobinard, nous sommes là, et un peu là !...
avec des poings.

LE CHEVAL. — ...Avec des pieds ferrés !...

LE BŒUF. — ...Avec des cornes !...

LE MOTEUR (*très calme*). — Oui, oui, mes bons amis, je sais que vous avez des poings, des pieds, des cornes, mais je ne crains ni les uns, ni les autres, car j'ai mieux... Beaucoup mieux... mais je vous en prie, laissez-moi continuer...

Convenez qu'il vous est impossible Leturc, Cheval et Bœuf, de travailler sans arrêt pendant 24 heures... par exemple !

LETURC. — D'abord, il y a *la loi, les 8 heures*, sans quoi !...

LE CHEVAL. — Et pour nous, la Société protectrice.

LE BŒUF. — Oui, la S. P. A. il y a de belles Dames qui en font partie et qui ne craignent pas de t'......... mon vieux Leturc, quand tu nous malmènes ! ! !

LETURC (*au Bœuf*). — Toi, mon vieux, je te repincerai !... Attends, à demain.

LE MOTEUR. — ...Enfin..... Enfin ! je vous en prie........ Vos raisons sont mauvaises et voici la vérité... dans l'ordre !.....

Si on tient compte des arrêts, des repos qui vous sont nécessaires pendant le travail, si on tient compte du temps de vos repas, de vos nuits de sommeil...

TOI BEAU BŒUF... Tu travailles 6 heures sur 24...

TOI FRINGANT CHEVAL... Tu travailles 5 heures sur 24.

TOI mon Cher LETURC... Tu travailles 4 heures sur 24.

...Bien entendu, par travail ; je comprends le temps exact pendant lequel vous donnez votre effort *maximum*, mais *normal*, c'est-à-dire *sans exagération* et *sans arrêt*. Dans ces conditions, notre capacité mécanique peut être classée comme ci-après en rapportant notre puissance au nombre de kilogrammes montés à un mètre pendant 24 heures.

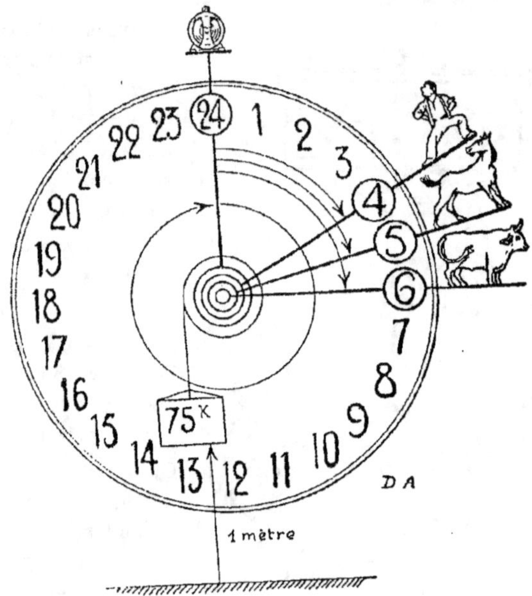

Moi, LE MOTEUR ELECTRIQUE. — 6.480.000 kilogrammètres.

Toi, LE BŒUF. — 1.800.000 kilogrammètres.

Et toi LETURC. — 105.000 kilogrammètres.

De telle sorte que pour exécuter normalement le travail que je puis faire, moi, petit moteur électrique d'un cheval (1 HP.), il faudrait employer en les relayant : environ

4 à 5 beaux bœufs ;

5 à 6 fringants chevaux, ou

30 à 35 hommes beaux et forts comme toi, mon cher Leturc.....

Or moi, je dépense ou je consomme pendant ce travail... 19 à 20 kilowatts-heure, ce qui au prix *très fort* de 0,60 le kilowatt, représente une dépense de 12 francs pour 24 heures consécutives de travail à pleine force.

Admettons que votre nourriture et votre entretien soit par 24 heures une dépense estimée approximativement comme suit :

Un beau bœuf...................... 8 à 9 francs.
Un fringant cheval.................. 10 à 12 francs.
Un bel homme fort .... 20 à 25 francs.

Le même travail que celui accompli par moi-même, c'est-à-dire l'action de monter en 24 heures 6.480.000 kilos à un mètre par exemple serait une dépense que l'on peut chiffrer approximativement :

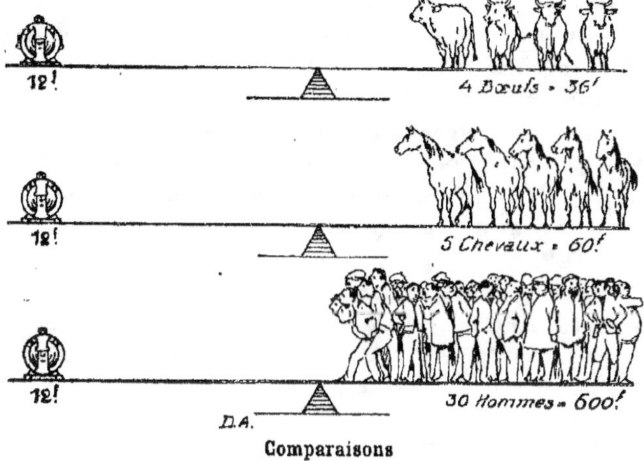

Comparaisons

Avec un moteur électrique.............. 12 francs.
Avec 4 beaux bœufs................... 36 francs.
Avec 5 fringants chevaux.............. 60 francs.
Avec 30 beaux hommes forts .... 600 francs.

LETURC. — Cher Moteur, cette fois je te remercie, car tu m'estimes à peu près à ma valeur et tu constates toi-même notre supériorité !... Nous les hommes, nous valons 600 francs, alors que toi, tu ne vaux que 12 francs... pour le même travail !...

LE CHEVAL. — Je te vaux cinq fois !...

LE BŒUF. — Et moi trois fois !...

LE MOTEUR (à part). — Je ne m'attendais pas à ce coup-là, car l'équivoque n'est pas connue de moi.......

(Haut) Je suis d'accord avec vous, Leturc, Cheval et Bœuf..... si vous-mêmes êtes bien certains de valoir ce que vous coûtez.....

mais, j'aimerais sur ce point, avoir l'avis de notre Maître à nous quatre, c'est-à-dire celui qui paye !..... Mais passons vite, car l'imprévu de vos impressions risque de me faire perdre le fil... et j'ai encore bien des choses à vous dire.

LETURC. — ...Nous t'écoutons, maintenant avec beaucoup d'intérêt... Mais comment es-tu bâti pour être si dur au travail et pour valoir si peu...

LE MOTEUR. — Je vais essayer de vous expliquer ma nature... Mais ouvrez bien vos oreilles et votre comprenette !.....
Voici :

Je suis tout en métaux de diverses sortes : *mon socle et ma carcasse* sont en fonte de fer et je puis vous assurer que je suis fait... au moule... pas un défaut, pas une soufflure...

LETURC. — ...Hum !... Lui fait au moule... C'est pouffant !

LE BŒUF. — ...Tais-toi ! tais-toi !... Leturc, je t'en supplie car tu pourrais rappeler à notre esprit qu'il y a moule et moule, et imposer à notre jugement que tu es lié de parenté avec...

LE CHEVAL ET LE BŒUF (*hilares*). — Assez ! assez ! vous allez nous congestionner !...

LETURC (*au Cheval et au Bœuf*). — C'est bon !... demain vous paierez cela !... (*Au Moteur*) continue petit, mais n'affecte pas tant de prétention... près de nous ça ne prend pas !

Le Cheval et le Bœuf... (Hilares)... Assez,
vous allez nous congestionner

LE MOTEUR. — ... Je suis composé de deux membres seulement, dont un intimement lié à ma carcasse est fixe et reste immobile... pour cette raison on appelle cette partie de mon individu : *Stator*.

LE BŒUF. — Drôle de mot *Stator*... C'est compliqué, et puis ça sent l'américain ! mais je comprends très bien : *Stator*, Station (de chemin de fer) Sta--ble (qui reste en place).

LETURC, LE CHEVAL (*Au Bœuf*). — ? ? ? ! ! !

LE MOTEUR. — *Mon Stator* proprement dit comporte un noyau composé de tôles minces feuilletées de qualité extra.

LETURC. — Ah oui : un genre de galette du Père Coupe Toujours !... Mais en fer !... je préfère l'autre ! pas en fer !... bon beurre... bien chaude !

Leturc.— Je préfère celle qui n'est pas en fer.. bien chaude
Le Bœuf.— ....Gourmand.

LE BŒUF. — ...Gourmand !... Il ne lui manquait que cela !...

LE MOTEUR. — ...Ce noyau feuilleté est disposé en vue d'assurer pendant mon fonctionnement une bonne circulation d'air nécessaire pour que ma température générale reste moyenne.

Mon deuxième membre est mobile et composé également d'un noyau en tôles minces feuilletées, de forme circulaire, avec

encoches, supporté à son centre par un arbre en acier très pur
Cet arbre tourne dans deux coussinets de bronze spécial très
doux, reposant eux-mêmes sur des paliers en fonte de fer et acier
parfaitement centrés et fixés sur ma carcasse ; ces paliers sont à
graissage automatique par bagues...

Cette partie mobile de moi-même s'appelle *Rotor*.

LETURC, LE CHEVAL. — ...Rotor, Rotor !... en voilà un
mot !...

LETURC (*au Bœuf*). — Dis-donc toi, le philosophe ! Explique
un peu ce mot !... Rotor. Vas-y mon gros, nous t'écoutons !...

LE BŒUF (*un peu pensif*). — Mais, c'est ma foi très simple : *Rotor* vient de rotation qui indique l'action de tourner ; il faut vraiment que votre esprit soit bien mal tourné lui-même pour que vous ayez supposé m'embarrasser !

LETURC. — Bien vraiment, si rotation et Rotor viennent de tourner ! je m'y perds complètement !... Ah ! la langue française !...

LE MOTEUR. — .....
Vous avez terminé ? ? ?... en voilà des histoires pour un mot !...

La partie la plus délicate de même est mon bobinage ; mon
Stator et mon Rotor sont bobinés de fils de cuivre très pur et bien
recuit placés dans les encoches, ces fils parfaitement isolés et
dont le diamètre et la longueur, c'est-à-dire la résistance, corres-
pondent exactement à la puissance que je dois développer sous
une tension déterminée.

Le genre de mes bobinages diffère suivant que je dois fonctionner avec des watts à courant continu ou avec des watts à courant
alternatif (comme ici pour actionner cette pompe).

Outre ces organes principaux, ma personne ne comporte que
quelques accessoires secondaires tels que Bornes servant à me relier
aux fils des canalisations, tendeurs de courroie et c'est tout...

Je dois vous dire qu'il existe beaucoup plus de mes frères moteurs pour courant alternatif que pour courant continu, parce que le courant alternatif est bien plus simple que le courant continu, et peut être distribué beaucoup plus loin et en plus grande quantité.

Bien que nous soyons frères en Électricité, il existe entre les moteurs à courant continu et les moteurs à courant alternatif une très grande différence de disposition et de bobinage.

Les continus utilisent directement le courant qui traverse simultanément leurs stators (appelés inducteurs ou excitateurs) et leur Rotor (appelé induit). Les bobinages sont assez compliqués et ces moteurs sont plus délicats et consomment un peu plus que nous autres alternatifs.

Les alternatifs — appelés aussi moteurs d'induction — sont tous comme moi d'une très grande simplicité, nous fonctionnons indirectement, c'est-à-dire que les watts qui parcourent notre stator, n'ont aucun lien direct avec les watts de notre Rotor qui naissent et agissent seulement sous l'influence des Watts-Stator, et sans aucune liaison directe avec les fils du réseau de distribution.

Aussi nos Rotors à nous *alternatifs*, sont-ils peu compliqués et dans les petits moteurs ne comportent même aucun bobinage ; une simple cage d'écureuil en simple fils de cuivre isolés formant des circuits fermés sur eux-mêmes. Ces Rotors sont appelés en *Court-circuit.*

LETURC. — Probablement parce que le circuit n'est pas long ?...

LE BŒUF. — Avec un esprit pareil, je suis tout étonné de te voir près de moi.

LE MOTEUR. — Ce n'est pas tout à fait cela. On dit en court-circuit, parce que la mise en marche d'un moteur ayant un rotor semblable se fait sans accessoires... Le courant est transmis dans ce cas dans notre stator directement... en court-circuit.

Les grands frères moteurs, ceux qui sont très forts, ont des rotors de luxe, bobinés avec soin, mais le bobinage n'a de raison que pour rendre leur démarrage plus facile, et en fin de compte, après leur démarrage, ils marchent comme nous les petits... en court-circuit.

Le démarrage de nos grands frères Moteurs à Rotor bobiné se fait au moyen d'un appareil appelé « Démarreur », et qui comporte des résistances, qui, placées entièrement dans le circuit au début de la mise en marche, sont peu à peu diminuées pour être complètement supprimées dès que la vitesse est suffisante.

Nous avons encore sur vous trois un avantage remarquable.....

LETURC. — Oh, bien entendu ! à t'entendre, toi et tes frères, vous êtes des perfections ! des petits saints ! mais jusqu'ici tu nous dis des choses extraordinaires toujours sans nous donner de preuves.

LE MOTEUR. — Précisément, mon Cher, l'avantage que j'allais te citer se prouve très facilement.....

Que faites-vous le dimanche ou les jours de fêtes ?

LETURC. — Moi, je me repose et avec mes copains, je fais un billard, une manille ou une quille.

LE BŒUF. — Moi, je dors et je rumine.

LE CHEVAL. — Moi, le plus souvent, je me promène avec mes maîtres et nous allons souvent aux fêtes des villages voisins !

LE MOTEUR. — Bien ! Bien ! je ne vous reproche pas vos distractions, mais dites-moi, ces jours-là, vous mangez ? Vous buvez ? On vous soigne...

LETURC. — En voilà des questions !... moi, je me soigne mieux le dimanche que les autres jours !...

LE BŒUF, LE CHEVAL. — Nous autres, on fait mieux notre toilette, mais nous sommes nourris de la même façon !...

LE MOTEUR. — Donc :

Toi Leturc, tu dépenses davantage, et vous Cheval et Bœuf vous coûtez au moins autant que si vous aviez travaillé !... et cependant ces jours-là, vous ne travaillez pas.................

. . . .

MOI, quand je ne travaille pas, je ne dépense rien, et personne ne s'occupe de moi... et quand il faut travailler, je suis toujours prêt immédiatement à me mettre en route, je suis toujours de bonne humeur... tandis que vous autres... c'en est une affaire !... vous réveiller... puis votre toilette, puis vous habiller, vous harnacher !... puis enfin travailler !...

LETURC. — Allons ! cette fois en voilà assez, fais-nous grâce de la suite. Jamais nous n'admettrons que tu nous sois supérieur... nous autres, nous sommes des êtres vivants, pensant et agissant...

LE BŒUF ET LE CHEVAL. — Bien parlé, Leturc !...

LE BŒUF.... Et toi, Petit Moteur, malgré tout l'intérêt de la conversation... tu n'es qu'une machine !...

LE CHEVAL. — Machine ! Tu entends ! Bonne seulement à pomper de l'eau !...

LA POMPE. — Oh ! est-ce possible...

LE MOTEUR. — C'est exact, je ne suis qu'une machine, mais si vous me voyez occupé en bon moteur que je suis à pomper de l'eau, je suis capable de faire bien autre chose... Vous allez voir : Veux-tu, cher Leturc, prendre dans ma boîte à bornes un petit carnet et me le présenter en tournant les pages, je vais vous renseigner complètement, et je suis certain que nous serons ensuite les meilleurs amis du monde.

LETURC. — Voilà... j'ouvre le carnet...

LE MOTEUR. — Regardez bien..... Voici d'abord les photos de quelques parents..... en Groupe.

LETURC. — Tes parents... où es-tu né ?

LE MOTEUR. — Nous sommes tous nés au Bourget, près de Paris, dans l'Electro Pouponnière de la Cⁿ Electro-Mécanique, dont l'Administration est à Paris même, 12, avenue Portalis.

LETURC. — Certainement voici deux belles Electro-écuries !

Série de Moteurs Type MC

LE MOTEUR. — Ecuries ! écuries !... les écuries n'existent pas pour nous !... mais je t'excuse car je ne suis pas méchant.....

Ces Electro-Ecuries, comme tu dis, ont telles que tu les vois, une force totale de 120 chevaux-vapeur. Pour faire le même travail

Série de Moteurs M B

que ces chevaux-là pendant 24 heures consécutives, il faudrait employer environ :

600 bœufs ou

720 chevaux ou

3.600 hommes !... un régiment d'infanterie !

Voici maintenant un de mes grands frères-moteurs complètement démonté.

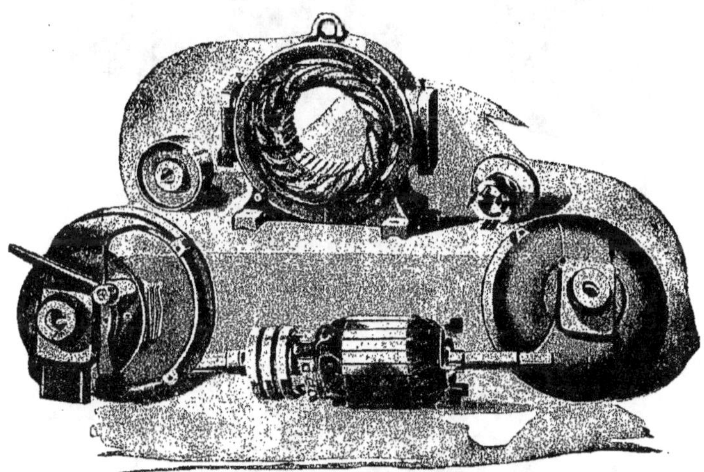

Moteur à Rotor Bobiné démonté

En Haut. — Le Stàtor, la poulie et le coupleur automatique.

En Bas. — Le Rotor avec ses Bagues, la Carcasse avec les Balais et les Paliers munis de leurs Coussinets.

Voici les photos de mes frères prises individuellement...

Moteur type M C

Moteur à coupleur automatique

Moteur en court-
circuit C-10

Type de moteur ouvert

Moteur protégé demi fermé

Moteur à réducteur de vitesse
par engrenages

Type de moteur à commandes contrôlées
pour éviter les fausses manœuvres

Vous avez là tous les types de ma famille.

LE BŒUF. — ...Permets, mon cher Leturc ;

(*Au moteur*). J'ai retenu les expressions Rotor à coupleur, Rotor à bagues, Relevage de balais, Balais continuellement en contact !..... je ne comprends pas très bien !

LE MOTEUR. — Je vais t'expliquer mon gros. . je vous ai dit ce que c'était qu'un *Rotor en court-circuit.*

Je vous ai dit ce que c'était qu'*un Rotor bobiné*, et je vous ai fait remarquer que le bobinage servait au démarrage avec l'aide d'un appareil appelé *démarreur*....

Il est donc nécessaire à un moment donné, quand le moteur a pris sa vitesse normale, de supprimer le dispositif et les accessoires ayant servi au démarrage.....

C'est précisément à cela que servent *le Coupleur* (l'accoupleur découpleur, pourrait-on dire), dont la fonction est de réunir et désunir les circuits du Stator bobiné, soit entr'eux, soit avec des résistances ; l'action du coupleur est automatique parfois.

Rotor à Bagues, Relevage de Balais, Balais continuellement en contact sont des expressions se rapportant à des dispositifs de démarrage, dans lesquels on fait usage de résistances séparées, dans ce cas :

Les bagues métalliques et isolées électriquement sont reliées au rotor et tournent avec lui.

Des frottoirs appelés *Balais* sont fixes et maintenus en contact avec les bagues, assurant ainsi une communication électrique entre le Rotor même pendant sa marche en démarrage.

Ces balais, suivant le type de moteur sont, après le démarrage, relevés pour éviter toute usure et toute communication avec les résistances devenues inutiles, d'où : *Relevage de balais.*

LE BŒUF. — J'ai compris.

LETURC. — Tu nous a promis, « Roulette économique, » de nous démontrer que tu peux servir à autre chose qu'à pomper, nous t'attendons...

LE MOTEUR. — C'est simple. Tournez les pages de mon Carnet et vous allez être édifiés . . . .

. . . .

(Ce qu'il y a sur les pages que tourne Leturc) :

Commande d'un tour-revolver par un moteur biphasé C E M 2 CV

Commande individuelle de machine-outil par petits moteurs CEM

Commande d'une scie à pendule par moteur C. E. M. de 1 cheval

Scie circulaire actionnée par un moteur triphasé C. E. M. de 2 CV

Moteur C E M monté sur chariot

Petit moteur C E M adossé à une machine à couper le fourrage

Moteur triphasé C E M de 4 chevaux sur chariot, actionnant une petite batteuse

Petit moteur C E M monté sur chariot, commandant une pompe à purin

Petit moteur G E M monté sur chariot, commandant une scie à ruban

Petit moteur G E M monté sur chariot, commandant une scie circulaire

Commande d'un pétrin de 120 kg. de capacité
par moteur C E M de 1 cheval

Petit moteur C E M monté sur console, commandant une presse à fruits

Commande individuelle d'un métier à broder à pantographe
par moteur triphasé C E M

LETURC. — C'est incroyable !

LE BŒUF. — Même mon fourrage tu le coupe.

LE CHEVAL. — Mon avoine tu la concasse.

LE MOTEUR. — Oh ! je fais bien d'autres choses encore .....
regarde ?

Métier à tisser les rubans de soie,
actionné par un moteur triphasé C E M de 1/2 cheval

Commande individuelle de métiers à broder automatiques
par moteurs triphasés C E M

Commande d'un glaceur dans une fabrique de pâtes alimentaires
par moteur triphasé C E M de 3 chevaux

Commande individuelle de broyeurs dans une fabrique de chocolat
par petits moteurs triphasés C E M

Chocolaterie. — Commande de broyeuses par moteur C E M

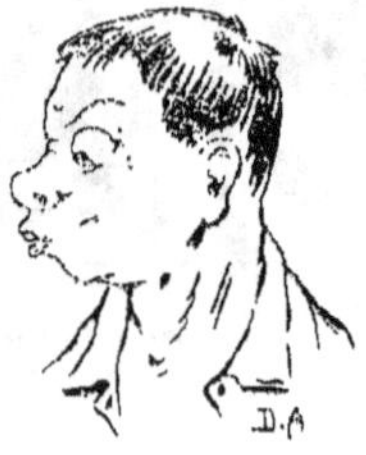

Chocolaterie. — Commande de malaxeurs par moteur C E M

Commande d'une machine à nettoyer les tonneaux par un moteur C E M triphasé

Commande d'un moulin à café par un moteur
asynchrone monophasé C E M de 1/4 cheval

Commande de machines à dresser les pains de sucre
par un moteur triphasé C E M de 5 chevaux

Petit moteur C E M monté sur une chambre frigorifique pour crèmerie

Petit moteur C E M monté dans une chambre frigorifique pour hôtel

Commande d'une machine à torréfier le café,
avec ventilateur, pour une production de 120 kg à l'heure
par un moteur biphasé C E M de 1,5 cheval

LETURC. — Je commence à te comprendre, ... tu es un genre de Domestique à tout faire .....

LE MOTEUR. — Précisément, mon cher, tu vois comme tu étais injuste tout à l'heure, je suis ton meilleur serviteur.

Petit moteur C E M commandant un monte-charge

LETURC. — Mes compliments mon cher, tu es universel
.... comme moi tu peux tout faire.

LE MOTEUR. — C'est exact mais c'est pour toi mon cher que
je fais tous ces travaux, et mon travail est d'une impeccable
exécution, avec un prix de revient très modéré, juges-en :

Avec une dépense de un kilowatt-heure environ, voici ce qu'on peut faire avec moi :

DANS SES CHAMPS :
Labourer un are à 30 cm, deux ares à 22 cm, trois ares à 15 cm.
Déchaumer quatre ares.
Irriguer un hectare pendant 14 heures avec 3,50 m. d'élévation.

DANS SA GRANGE OU SUR SES MEULES :
Battre 140 gerbes de blé de 3,5 kg.

DANS SA LAITERIE, VACHERIE :
Traire à la machine 20 vaches.
Ecrémer 1.400 litres de lait.
Baratter 1.000 litres de crème.
Malaxer 200 kg. de beurre.

DANS SON CHAI :
Fouler 10.000 kg. de vendange.
Soutirer un foudre de 300 hectolitres.
Broyer 170 kg. de sarment.
Remplir et boucher 250 bouteilles.

DANS SON GRENIER :
Monter 70 sacs de blé à 10 m.
Trier 100 sacs de blé.
Nettoyer au tarare 10 sacs de blé.
Brosser 100 kg. d'avoine.

DANS SON FOURNIL :
Pétrir 8 sacs de farine.

POUR SON ALIMENTATION :
Produire 4 kg. de glace.
Elever 3.000 litres d'eau à 20 m.
Stériliser 10.000 litres d'eau par l'ozone.
Broyer 2.000 kg. de pommes pour son cidre.

DANS SON ATELIER :
Scier 90 m. de bois (basting de sapin).
Affûter 200 sections de faucheuse.

DANS LA SALLE DE PRÉPARATION DES ALIMENTS :
Aplatir 400 litres d'avoine pour les chevaux.
Broyer 250 kg. d'ajonc, 600 kg. de tourteaux.
Concasser 100 kg. de seigle, 300 kg. de maïs Plata, 200 kg. de blé.
Couper 5.000 kg. de betterave.
Hacher 500 kg. de paille.
Mélanger 500 kg. d'engrais.
Moudre 50 kg. d'orge.

Ces renseignements ont été extraits d'une notice éditée par l'Union des Syndicats de l'Electricité sous les auspices de M. Amédée Petit, Ingénieur Agronome Electricien, Vice-Président de la Section du Génie rural, Société Nationale d'encouragement à l'Agriculture, avec l'autorisation duquel nous publions ces renseignements.

LETURC. — Que d'excuses cher Moteur, n'ai-je pas à te faire, moi qui te malmenait ..... comme je vais te soigner maintenant, je vais parler de toi à mon Maître et l'engager à faire appel à toi pour tous les travaux de la ferme ..... (à part) c'est autant de repos que je gagnerai.

LE BŒUF. — Pas bête Leturc.

LE CHEVAL. — Il est vraiment plus fort que moi cette fois.

LETURC. — Allons maintenant il est tard ..... toi petit Moteur, retourne à ta Pompe, toi Beau Bœuf à ton étable, et toi fier Coursier à ton écurie.

Cette soirée est mémorable et je vais faire, c'est sûr, des Rêves d'or.....

CONCLUSION

Ici cher Lecteur, se termine à la fois le roman de Leturc, du Cheval et du Bœuf, et l'histoire de la Bonne Fée Electricité. Je suis certain que tous vous aurez recours à cette merveilleuse Déesse qui s'offre à vous.

Grâce à elle, la vie vous sera plus douce — et votre travail plus rémunérateur.

Cette histoire de la Fée merveilleuse, close ici, se poursuivra cependant très longtemps, car chaque jour, grâce à nos savants, la Fée se dévoile davantage et des applications nouvelles feront certainement dans l'avenir, de la Fée Electricité la compagne indispensable de la vie moderne.

IMPRIMERIES REUNIES DE SENLIS

• • • 11, place Henri-IV • • •